绿色蔬菜
标准化生产技术指南

郭晓青　于旭红　丛山　等 主编

化学工业出版社

·北京·

图书在版编目（CIP）数据

绿色蔬菜标准化生产技术指南/郭晓青等主编. —
北京：化学工业出版社，2024.3
ISBN 978-7-122-45159-0

Ⅰ.①绿… Ⅱ.①郭… Ⅲ.①蔬菜园艺-无污染技术
Ⅳ.①S63

中国国家版本馆 CIP 数据核字（2024）第 046959 号

责任编辑：邵桂林　　　　　　　装帧设计：韩　飞
责任校对：宋　玮

出版发行：化学工业出版社
　　　　　（北京市东城区青年湖南街 13 号　邮政编码 100011）
印　　装：北京七彩京通数码快印有限公司
850mm×1168mm　1/32　印张 7¾　字数 206 千字
2024 年 5 月北京第 1 版第 1 次印刷

购书咨询：010-64518888　　　　售后服务：010-64518899
网　　址：http://www.cip.com.cn
凡购买本书，如有缺损质量问题，本社销售中心负责调换。

定　　价：39.80 元　　　　　　　版权所有　违者必究

编写人员名单

主　编　郭晓青　于旭红　丛　山　沙传红　黄治军

副主编　马东辉　程玉蕾　赵浚皓　赵永明　徐　通
　　　　　李明亮　边明文　闫　姣　韩宪东　高　强

参　编　张传伟　冷斐涵　李亚楠　毕焕改　郑秋玲
　　　　　毕远东　朱　晶　王　刚　曹江鹏　于　宝
　　　　　张　艳　牛蕴华　刘　燕　李金忠　李梓豪

序

绿色食品，是指产自优良生态环境、按照绿色食品标准生产、实行全程质量控制并获得绿色食品标志使用权的安全、优质食用农产品及相关产品。生产过程中按照绿色食品的标准禁用或限制使用农药，不加非经许可的添加剂，经专门机构认定后可使用绿色食品标志。绿色食品又称无公害食品或有机食品。消费者鉴别绿色食品和普通食品的方法是看其是否有绿色食品标志。绿色食品标志图形由 3 部分组成，上方的太阳、下方的叶片和中间的蓓蕾，象征自然生态；标志图形为正圆形，意为保护、安全；颜色为绿色，象征着生命、农业、环保。绿色食品分为 AA 级和 A 级。AA 级绿色食品标志与字体为绿色，底色为白色；A 级绿色食品标志与字体为白色，底色为绿色。绿色食品来自自然、无污染的生产基地，生产过程也是符合人类健康要求，绿色食品能够给生命带来健康和保护。因此，人们也更愿意消费绿色食品。

绿色食品生产是农业农村部在发展高产优质高效农业大背景下组织实施的一项开创性工作，始于 1990 年。经过 32 年的不断探索，现形成了鲜明的发展特色，成为在国内外具有较高知名度和公信力的优质农产品精品品牌，在保护生态环境、推动标准化生产、提高农产品质量安全水平、保障食品消费安全、扩大农产品出口、促进农业增效和农民增收、促进国民经济和社会可持续发展方面发挥了重要作用。

截至 2020 年底，农业农村部共颁布绿色食品操作技术规程 243 项。标准体系的建立和完善是支持绿色食品事业持续发展最为重要的技术基础。绿色食品标准形成了产地环境、生产过程、产品质量和包装贮运全程控制的标准体系。绿色食品生产过程的控制是绿色食品质量控制的关键环节，绿色食品生产技术标准是绿色食品标准体系的核心。2009年6月1日，中国绿色食品发展中心组织制定并发布了《绿色食品蔬菜生产操作规程简易读本》（华北地区）等21项种植业产品生产操作规程，为完善绿色食品标准体系、促进绿色食品事业健康快速发展、确保绿色食品质量安全打下了坚实的基础。

近年来，烟台市委、市政府高度重视农产品质量安全，不断加大资金投入，强化政策措施，狠抓绿色食品认证管理工作，绿色食品发展取得了丰硕的成果。截至2022年底，烟台市有效使用无公害农产品、绿色食品、有机农产品标识企业379家，产品668个。无公害农产品认证企业总数223个、产品总数400个，绿色食品认证企业总数152个、产品总数259个，有机产品认证企业总数4个、产品总数9个，农产品获得农产品地理标志登记产品8个。全市三品一标监测面积625万亩。通过大力推进农业标准化、支持开展绿色食品认证、强化认证监管，确保认证产品质量安全。

烟台绿色食品产业已初具规模，但由于长期以来农产品主要以劳动密集型、低生产成本和低价格优势参与市场竞争，生产规模小，组织化程度低，且因绿色食品事业自身的开创性和独立性，标准体系建设工作可以借鉴的经验不多，标准的宣传推广实施力度还不能完全适应农业标准化推进需求，适应烟台特色农产品生产的绿色食品生产标准化体系还没有建立健全。为了适应现代化农业发展需要，提高先进实用技术的普及率和高科技成果的转化率，烟台市农业技术推广中心专家参照中国绿色食品发展中心发布的《绿色食品生产技术规程》，编写了《绿色蔬菜标准化生产技术指南》。该指南围绕当前烟台蔬菜特色农产品，贴近烟台绿色农业生产实际，实用性和针对性强、通俗易懂、便于操作，对于拓宽实用技术推广的有效途径、提高科技入户率和到位率，以及全面提升烟台绿色食品质量、提高烟台绿色食品的品牌竞争力和知名度，具有十分重要的现实意义。本书得到烟台市、莱阳市、莱州市、栖霞市农技推广中心和莱州市、临淄区、安丘市农业农村局等部门专家的指导，莱阳市谭格庄镇、安丘市石堆镇、景芝镇、大汶河旅游发展中心、莱州市朱桥镇、虎头崖镇等单位的大力支持，在此表示衷心的感谢。

编者

2024 年 2 月

● 前言

　　绿色食品生产操作规程是以绿色食品生产资料使用准则为依据，按不同农业区域的生产特性、作物种类、畜禽种类分别制定，用于指导绿色食品生产活动，规范绿色食品生产技术的技术规定。

　　为了切实做好绿色食品生产操作规程在烟台的推广普及，满足绿色食品企业和生产基地对标准化生产操作规程的需求，规范绿色食品产业发展，加快推进现代农业进程，我们在中国绿色食品发展中心的大力支持下，在已颁布的中国绿色食品生产操作规程标准基础上，组织有关专家编写了《绿色蔬菜标准化生产技术指南》，汇集了产地环境技术条件、农药使用准则、肥料使用准则、包装通用准则、贮藏运输准则、白菜类蔬菜、瓜类蔬菜、茄果类蔬菜、葱蒜类蔬菜等绿色食品标准以及大白菜、黄瓜、番茄、洋葱、西瓜等主要蔬菜种植品种绿色食品生产操作规程。

　　全书以普及绿色食品蔬菜实际可操作技术为宗旨，主要阐述了绿色食品产地环境技术条件、农业投入品使用准则、蔬菜种植的产地环境条件、茬口安排及品种选择、田间管理、病虫害防治以及采收包装贮运等内容，语言文字简练，内容通俗易懂，形式便于推广，可供绿色食品生产基地、企业以及广大菜农、农业科技人员参考。

编者

2024 年 2 月

目录

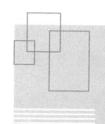

第1章

绿色食品产地环境标准

1 范围

本标准规定了绿色食品产地的术语和定义、产地生态环境基本要求、隔离保护要求、产地环境质量通用要求、环境可持续发展要求。

本标准适用于绿色食品生产。

2 规范性引用文件

下列文件对于本文件的应用是必不可少的。凡是注日期的引用文件，仅所注日期的版本适用于本文件。凡是不注日期的引用文件，其最新版本（包括所有的修改单）适用于本文件。

GB/T 5750.4 生活饮用水标准检验方法 感官性状和物理指标

GB/T 5750.5 生活饮用水标准检验方法 无机非金属指标

GB/T 5750.6 生活饮用水标准检验方法 金属指标

GB/T 5750.12 生活饮用水标准检验方法 微生物指标

GB/T 7467 水质 六价铬的测定 二苯碳酰二肼分光光度法

GB/T 7484 水质 氟化物的测定 离子选择电极法

GB/T 11892 水质 高锰酸盐指数的测定

GB/T 12763.4 海洋调查规范 第4部分：海水化学要素调查

GB/T 14675 空气质量 恶臭的测定 三点比较式臭袋法

GB/T 14678 空气质量 硫化氢、甲硫醇、甲硫醚和二甲二硫的测定 气相色谱法

GB/T 15432 环境空气 总悬浮颗粒物的测定 重量法

GB/T 17141 土壤质量 铅、镉的测定 石墨炉原子吸收分光光度法

GB/T 22105.1 土壤质量 总汞、总砷、总铅的测定 原子荧光法 第1部分：土壤中总汞的测定

GB/T 22105.2 土壤质量 总汞、总砷、总铅的测定 原子荧光法 第2部分：土壤中总砷的测定

HJ 479 环境空气 氮氧化物（一氧化氮和二氧化氮）的测定 盐酸萘乙二胺分光光度法

HJ 482 环境空气 二氧化硫的测定 甲醛吸收-副玫瑰苯胺分光光度法

HJ 491 土壤和沉积物 铜、锌、铅、镍、铬的测定 火焰原子吸收分光光度法

HJ 503 水质 挥发酚的测定 4-氨基安替比林分光光度法

HJ 505 水质 五日生化需氧量（BOD5）的测定 稀释与接种法

HJ 533 环境空气和废气 氨的测定 纳氏试剂分光光度法

HJ 536 水质 氨氮的测定 水杨酸分光光度法

HJ 694 水质 汞、砷、硒、铋和锑的测定 原子荧光法

HJ 700 水质 65种元素的测定 电感耦合等离子体质谱法

HJ 717 土壤质量 全氮的测定 凯氏法

HJ 828 水质 化学需氧量的测定 重铬酸盐法

HJ 870 固定污染源废气 二氧化碳的测定 非分散红外吸收法

HJ 955 环境空气 氟化物的测定 滤膜采样/氟离子选择电极法

HJ 970 水质石油类的测定 紫外分光光度法

HJ 1147 水质 pH 值的测定 电极法

LY/T 1232 森林土壤磷的测定

LY/T 1234 森林土壤钾的测定

NY/T 1121.6 土壤检测 第6部分：土壤有机质的测定

NY/T 1377 土壤 pH 的测定

SL 355 水质 粪大肠菌群的测定——多管发酵法

3　术语和定义

下列术语和定义适用于本文件。

3.1　环境空气标准状态（ambient air standard state）

温度为298.15K、压力为101.325KPa时的环境空气状态。

3.2　舍区（living area for livestock and poultry）

指畜禽所处的封闭或半封闭生活区域，即畜禽直接生活环境区。

4　产地生态环境基本要求

4.1　绿色食品生产应选择生态环境良好、无污染的地区，远离工矿区、公路铁路干线和生活区，避开污染源。

4.2　产地应距离公路、铁路、生活区50m以上，距离工矿企业1km以上。

4.3　产地要远离污染源，配备切断有毒有害物进入产地的措施。

4.4　生产产地不应受外来污染威胁，产地上风向和灌溉水上游不应有排放有毒有害物质的工矿企业，灌溉水源应是深井水或水库等清洁水源，不应使用污水或塘水等被污染的地表水；园地土壤不应是施用含有毒有害物质的工业废渣改良过土壤。

4.5　应建立生物栖息地，保护基因多样性、物种多样性和生态系统多样性，以维持生态平衡。

4.6　应保证产地具有可持续生产能力，不对环境或周边其他生物产生污染。

4.7　利用上一年度产地区域空气质量数据，综合分析产区空气质量。

5　隔离保护要求

应在绿色食品和常规生产区域之间设置有效的缓冲带或物理屏障，以防止绿色食品生产产地受到污染。

绿色食品产地应与常规生产区保持一定距离，或在两者之间设立物理屏障，或利用地表水或山岭分割或其他方法，两者交界处应有明显可识别的界标。

绿色食品种植生产产地与常规生产区农田间建立缓冲隔离带，

可在绿色食品种植区边缘 5～10m 处种植树木作为双重篱墙，隔离带宽度 8m 左右，隔离带种植缓冲作物。

6 产地环境质量通用要求

6.1 空气质量要求

除畜禽养殖业外，空气质量应符合表 1-1 要求。

表 1-1 空气质量要求（标准状态）

项目	指标		检验方法
	日平均①	1 小时②	
总悬浮颗粒物/（mg/m³）	≤0.30	—	GB/T 15432
二氧化硫/（mg/m³）	≤0.15	0.50	HJ 482
二氧化氮/（mg/m³）	≤0.08	0.20	HJ 479
氟化物/（μg/m³）	≤7	20	HJ 955

①日平均指任何一日的平均指标。

②1 小时指任何一小时的指标。

畜禽养殖业空气质量应符合表 1-2 要求。

表 1-2 畜禽养殖业空气质量要求（标准状态）

单位：mg/m³

项目	禽舍区（日平均）		畜舍区（日平均）	检验方法
	雏	成		
总悬浮颗粒物	≤8		≤3	GB/T 15432
二氧化碳	≤1500		≤1500	HJ 870
硫化氢	≤2	≤10	≤8	GB/T 14678
氨气	≤10	≤15	≤20	HJ 533
恶臭（稀释倍数，无量纲）	≤70		≤70	GB/T 14675

6.2 水质要求

6.2.1 农田灌溉水水质要求

农田灌溉水包括用于农田灌溉的地表水、地下水，以及水培蔬菜、水生植物生产用水和食用菌生产用水等，应符合表 1-3 要求。

表 1-3　农田灌溉水水质要求

项目	指标	检验方法
pH	5.5～8.5	HJ 1147
总汞/(mg/L)	≤0.001	HJ 694
总镉/(mg/L)	≤0.005	HJ 700
总砷/(mg/L)	≤0.05	HJ 694
总铅/(mg/L)	≤0.1	HJ 700
六价铬/(mg/L)	≤0.1	GB/T 7467
氟化物/(mg/L)	≤2.0	GB/T 7484
化学需氧量(COD$_{Cr}$)/(mg/L)	≤60	HJ 828
石油类/(mg/L)	≤1.0	HJ 970
粪大肠菌群[①]/(MPN/L)	≤10000	SL 355

①仅适用于灌溉蔬菜、瓜类和草本水果的地表水。

6.2.2　渔业水水质要求

应符合表 1-4 要求。

表 1-4　渔业水水质要求

项目	指标		检验方法
	淡水	海水	
色、臭、味	不应有异色、异臭、异味		GB/T 5750.4
pH	6.5～9.0		HJ 1147
生化需氧量(BOD$_5$)/(mg/L)	≤5	≤3	HJ 505
总大肠菌群/(MPN/100mL)	≤500(贝类 50)		GB/T 5750.12
总汞/(mg/L)	≤0.0005	≤0.0002	HJ 694
总镉/(mg/L)	≤0.005		HJ 700
总铅/(mg/L)	≤0.05	≤0.005	HJ 700

续表

项目	指标		检验方法
	淡水	海水	
总铜/(mg/L)	≤0.01		HJ 700
总砷/(mg/L)	≤0.05	≤0.03	HJ 694
六价铬/(mg/L)	≤0.1	≤0.01	GB/T 7467
挥发酚/(mg/L)	≤0.005		HJ 503
石油类/(mg/L)	≤0.05		HJ 970
活性磷酸盐(以 P 计)/(mg/L)	—	≤0.03	GB/T 12763.4
高锰酸钾指数/(mg/L)	≤6	—	GB/T 11892
氨氮(NH_3-N)/(mg/L)	≤1.0	—	HJ 536

注：漂浮物质应满足水面不出现油膜或浮沫要求。

6.2.3 畜牧养殖用水水质要求

畜牧养殖用水包括畜禽养殖用水和养蜂用水，应符合表 1-5 要求。

表 1-5 畜牧养殖用水水质要求

项目	指标	检验方法
色度[1]/度	≤15,并不应呈现其他异色	GB/T 5750.4
浑浊度[1]/(散射浑浊度单位)/NTU	≤3	GB/T 5750.4
臭和味	不应有异臭、异味	GB/T 5750.4
肉眼可见物[1]	不应含有	GB/T 5750.4
pH	6.5~8.5	GB/T 5750.4
氟化物/(mg/L)	≤1.0	GB/T 5750.5
氰化物/(mg/L)	≤0.05	GB/T 5750.5
总砷/(mg/L)	≤0.05	GB/T 5750.6
总汞/(mg/L)	≤0.001	GB/T 5750.6
总镉/(mg/L)	≤0.01	GB/T 5750.6
六价铬/(mg/L)	≤0.05	GB/T 5750.6

项目	指标	检验方法
总铅/(mg/L)	≤0.05	GB/T 5750.6
菌落总数①/(CFU/mL)	≤100	GB/T 5750.12
总大肠菌群，MPN/100mL	不得检出	GB/T 5750.12

①散养模式免测该指标。

6.2.4　加工用水水质要求

加工用水（含食用盐生产用水等）应符合表1-6要求。

表 1-6　加工用水水质要求

项目	指标	检验方法
pH	6.5～8.5	GB/T 5750.4
总汞/(mg/L)	≤0.001	GB/T 5750.6
总砷/(mg/L)	≤0.01	GB/T 5750.6
总镉/(mg/L)	≤0.005	GB/T 5750.6
总铅/(mg/L)	≤0.01	GB/T 5750.6
六价铬/(mg/L)	≤0.05	GB/T 5750.6
氰化物/(mg/L)	≤0.05	GB/T 5750.5
氟化物/(mg/L)	≤1.0	GB/T 5750.5
菌落总数/(CFU/mL)	≤100	GB/T 5750.12
总大肠菌群/(MPN/100mL)	不得检出	GB/T 5750.12

6.2.5　食用盐原料水水质要求

食用盐原料水包括海水、湖盐或井矿盐天然卤水，应符合表1-7要求。

表 1-7　食用盐原料水水质要求　　　　单位：mg/L

项目	指标	检验方法
总汞	≤0.001	GB/T 5750.6
总砷	≤0.03	GB/T 5750.6

续表

项目	指标	检验方法
总镉	≤0.005	GB/T 5750.6
总铅	≤0.01	GB/T 5750.6

6.3 土壤环境质量要求

土壤环境质量按土壤耕作方式的不同分为旱田和水田两大类，每类又根据土壤 pH 的高低分为三种情况，即 pH<6.5、6.5≤pH≤7.5、pH>7.5，应符合表 1-8 要求。

表 1-8 土壤质量要求 　　单位：mg/kg

项目	旱田			水田			检验方法
	pH<6.5	6.5≤pH≤7.5	pH>7.5	pH<6.5	6.5≤pH≤7.5	pH>7.5	NY/T 1377
总镉	≤0.30	≤0.30	≤0.40	≤0.30	≤0.30	≤0.40	GB/T 17141
总汞	≤0.25	≤0.30	≤0.35	≤0.30	≤0.40	≤0.40	GB/T 22105.1
总砷	≤25	≤20	≤20	≤20	≤20	≤15	GB/T 22105.2
总铅	≤50	≤50	≤50	≤50	≤50	≤50	GB/T 17141
总铬	≤120	≤120	≤120	≤120	≤120	≤120	HJ 491
总铜	≤50	≤60	≤60	≤50	≤60	≤60	HJ 491

注：果园土壤中铜限量值为旱田中铜限量值的 2 倍；水旱轮作用的标准值取严不取宽；底泥按照水田标准执行。

6.4 食用菌栽培基质质量要求

栽培基质应符合表 1-9 要求，栽培过程中使用的土壤应符合 6.3 要求。

表 1-9 食用菌栽培基质质量要求 　　单位：mg/kg

项目	指标	检验方法
总汞	≤0.1	GB/T 22105.1
总砷	≤0.8	GB/T 22105.2

续表

项目	指标	检验方法
总镉	≤0.3	GB/T 17141
总铅	≤35	GB/T 17141

7 环境可持续发展要求

7.1 应持续保持土壤地力水平，土壤肥力应维持在同一等级或不断提升。土壤肥力分级参考指标见表1-10。

表1-10 土壤肥力分级参考指标

项目	级别	旱地	水田	菜地	园地	牧地	检验方法
有机质/（g/kg）	I	>15	>25	>30	>20	>20	NY/T 1121.6
	II	10~15	20~25	20~30	15~20	15~20	
	III	<10	<20	<20	<15	<15	
全氮/（g/kg）	I	>1.0	>1.2	>1.2	>1.0	—	HJ 717
	II	0.8~1.0	1.0~1.2	1.0~1.2	0.8~1.0	—	
	III	<0.8	<1.0	<1.0	<0.8	—	
有效磷/（mg/kg）	I	>10	>15	>40	>10	>10	LY/T 1232
	II	5~10	10~15	20~40	5~10	5~10	
	III	<5	<10	<20	<5	<5	
速效钾/（mg/kg）	I	>120	>100	>150	>100	—	LY/T 1234
	II	80~120	50~100	100~150	50~100	—	
	III	<80	<50	<100	<50	—	

注：底泥、食用菌栽培基质不做土壤肥力检测。

7.2 应通过合理施用投入品和环境保护措施，保持产地环境指标在同等水平或逐步递减。

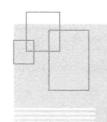

第2章

绿色食品生产技术标准

第1节　农药使用准则

1　范围

本标准规定了绿色食品生产和储运中的有害生物防治原则、农药选用、农药使用规范和绿色食品农药残留要求。

本标准适用于绿色食品的生产和储运。

2　规范性引用文件

下列文件对于本文件的应用是必不可少的。凡是注日期的引用文件，仅注日期的版本适用于本文件。凡是不注日期的引用文件，其最新版本（包括所有的修改单）适用于本文件。

GB 2763 食品安全国家标准　食品中农药最大残留限量

GB/T 8321（所有部分）　农药合理使用准则

GB 12475 农药贮运、销售和使用的防毒规程

NY/T 391 绿色食品　产地环境质量

NY/T 1667（所有部分）　农药登记管理术语

3　术语和定义

NY/T 1667 界定的及下列术语和定义适用于本文件。

3.1 AA级绿色食品（AA grade green food）

产地环境质量符合NY/T 391的要求，遵照绿色食品生产标准生产，生产过程中遵循自然规律和生态学原理，协调种植业和养殖业的平衡，不使用化学合成的肥料、农药、兽药、渔药、添加剂等物质，产品质量符合绿色食品产品标准，经专门机构许可使用绿色食品标志的产品。

3.2 A级绿色食品（A grade green food）

产地环境质量符合NY/T 391的要求，遵照绿色食品生产标准生产，生产过程中遵循自然规律和生态学原理，协调种植业和养殖业的平衡，限量使用限定的化学合成生产资料，产品质量符合绿色食品产品标准，经专门机构许可使用绿色食品标志的产品。

3.3 农药（pesticide）

用于预防、控制危害农业、林业的病、虫、草、鼠和其他有害生物以及有目的地调节植物、昆虫生长的化学合成或者来源于生物、其他天然物质的一种物质或者几种物质的混合物及其制剂。

（注：既包括属于国家农药使用登记管理范围的物质，也包括不属于登记管理范围的物质。）

4 有害生物防治原则

绿色食品生产中有害生物的防治可遵循以下原则：

——以保持和优化农业生态系统为基础，建立有利于各类天敌繁衍和不利于病虫草害孳生的环境条件，提高生物多样性，维持农业生态系统的平衡；

——优先采用农业措施，如选用抗病虫品种、实施种子种苗检疫、培育壮苗、加强栽培管理、中耕除草、耕翻晒垡、清洁田园、轮作倒茬、间作套种等；

——尽量利用物理和生物措施，如温汤浸种控制种传病虫害，机械捕捉害虫，机械或人工除草，用灯光、色板、性诱剂和食物诱杀害虫，释放害虫天敌和稻田养鸭控制害虫等；

——必要时合理使用低风险农药，如没有足够有效的农业、物理和生物措施，在确保人员、产品和环境安全的前提下，按照第

5、6 章的规定配合使用农药。

5 农药选用

5.1 所选用的农药应符合相关的法律法规，并获得国家在相应作物上的使用登记或省级农业主管部门的临时用药措施，但不属于农药使用登记范围的产品（如薄荷油、食醋、蜂蜡、香根草、乙醇、海盐等）除外。

5.2 AA 级绿色食品生产应按照 A.1 的规定选用农药，A 级绿色食品生产应按照附录 A 的规定选用农药，提倡兼治和不同作用机理农药交替使用。

5.3 农药剂型宜选用悬浮剂、微囊悬浮剂、水剂、水乳剂、颗粒剂、水分散粒剂和可溶性粒剂等环境友好型剂型。

6 农药使用规范

6.1 应根据有害生物的发生特点、危害程度和农药特性，在主要防治对象的防治适期，选择适当的施药方式。

6.2 应按照农药产品标签或 GB/T 8321 和 GB 12475 的规定使用农药，控制施药剂量（或浓度）、施药次数和安全间隔期。

7 绿色食品农药残留要求

7.1 按照第 5 章规定允许使用的农药，其残留量应符合 GB 2763 的要求。

7.2 其他农药的残留量不得超过 0.01mg/kg，并应符合 GB 2763 的要求。

附录 A（规范性附录）

A.1 AA 级和 A 级绿色食品生产均允许使用的农药清单

　　AA 级和 A 级绿色食品生产可按照农药产品标签或 GB/T 8321 的规定（不属于农药使用登记范围的产品除外）使用附表 A.1 中的农药。

附表 A.1　AA 级和 A 级绿色食品生产均允许使用的农药清单[①]

类别	物质名称	备注
I. 植物 和动 物来 源	楝素（苦楝、印楝等提取物，如印楝素等）	杀虫
	天然除虫菊素（除虫菊科植物提取液）	杀虫
	苦参碱及氧化苦参碱（苦参等提取物）	杀虫
	蛇床子素（蛇床子提取物）	杀虫、杀菌
	小檗碱（黄连、黄柏等提取物）	杀菌
	大黄素甲醚（大黄、虎杖等提取物）	杀菌
	乙蒜素（大蒜提取物）	杀菌
	苦皮藤素（苦皮藤提取物）	杀虫
	藜芦碱（百合科藜芦属和喷嚏草属植物提取物）	杀虫
	桉油精（桉树叶提取物）	杀虫
	植物油（如薄荷油、松树油、香菜油、八角茴香油等）	杀虫、杀螨、杀真菌、抑制发芽
	寡聚糖（甲壳素）	杀菌、植物生长调节
	天然诱集和杀线虫剂（如万寿菊、孔雀草、芥子油等）	杀线虫
	具有诱杀作用的植物（如香根草等）	杀虫
	植物醋（如食醋、木醋、竹醋等）	杀菌
	菇类蛋白多糖（菇类提取物）	杀菌
	水解蛋白质	引诱
	蜂蜡	保护嫁接和修剪伤口
	明胶	杀虫
	具有驱避作用的植物提取物（大蒜、薄荷、辣椒、花椒、薰衣草、柴胡、艾草、辣根等的提取物）	驱避
	害虫天敌（如寄生蜂、瓢虫、草蛉、捕食螨等）	控制虫害

续表

类别	物质名称	备注
Ⅱ.微生物来源	真菌及真菌提取物（白僵菌、轮枝菌、木霉菌、耳霉菌、淡紫拟青霉、金龟子绿僵菌、寡雄腐霉菌等）	杀虫、杀菌、杀线虫
	细菌及细菌提取物（芽孢杆菌类、荧光假单胞杆菌、短稳杆菌等）	杀虫、杀菌
	病毒及病毒提取物（核型多角体病毒、质型多角体病毒、颗粒体病毒等）	杀虫
	多杀霉素、乙基多杀菌素	杀虫
	春雷霉素、多抗霉素、井冈霉素、嘧啶核苷类抗生素、宁南霉素、申嗪霉素、中生菌素	杀菌
	S-诱抗素	植物生长调节
Ⅲ.生物化学产物	氨基寡糖素、低聚糖素、香菇多糖	杀菌、植物诱抗
	几丁聚糖	杀菌、植物诱抗、植物生长调节
	苄氨基嘌呤、超敏蛋白、赤霉酸、烯腺嘌呤、羟烯腺嘌呤、三十烷醇、乙烯利、吲哚丁酸、吲哚乙酸、芸苔素内酯	植物生长调节
Ⅳ.矿物来源	石硫合剂	杀菌、杀虫、杀螨
	铜盐（如波尔多液、氢氧化铜等）	杀菌，每年铜使用量不能超过 6kg/hm^2
	氢氧化钙（石灰水）	杀菌、杀虫
	硫黄	杀菌、杀螨、驱避
	高锰酸钾	杀菌，仅用于果树和种子处理
	碳酸氢钾	杀菌
	矿物油	杀虫、杀螨、杀菌

续表

类别	物质名称	备注
Ⅳ. 矿物来源	氯化钙	用于治疗缺钙带来的抗性减弱
	硅藻土	杀虫
	粘土（如斑脱土、珍珠岩、蛭石、沸石等）	杀虫
	硅酸盐（硅酸钠，石英）	驱避
	硫酸铁（3价铁离子）	杀软体动物
Ⅴ. 其他	二氧化碳	杀虫，用于储存设施
	过氧化物类和含氯类消毒剂（如过氧乙酸、二氧化氯、二氯异氰尿酸钠、三氯异氰尿酸等）	杀菌，用于土壤、培养基质、种子和设施消毒
	乙醇	杀菌
	海盐和盐水	杀菌，仅用于种子（如稻谷等）处理
	软皂（钾肥皂）	杀虫
	松脂酸钠	杀虫
	乙烯	催熟等
	石英砂	杀菌、杀螨、驱避
	昆虫性信息素	引诱或干扰
	磷酸氢二铵	引诱

①国家新禁用或列入《限制使用农药名录》的农药自动从该清单中删除。

A.2 A级绿色食品生产允许使用的其他农药清单

当附表 A.1 所列农药不能满足生产需要时，A 级绿色食品生产还可按照农药产品标签或 GB/T 8321 的规定使用下列农药：

a）杀虫杀螨剂

苯丁锡 fenbutatin oxide

吡丙醚　pyriproxifen

吡虫啉　imidacloprid

吡蚜酮　pymetrozine

虫螨腈　chlorfenapyr

除虫脲　diflubenzuron

啶虫脒　acetamiprid

氟虫脲　flufenoxuron

氟啶虫胺腈　sulfoxaflor

氟啶虫酰胺　flonicamid

氟铃脲　hexaflumuron

高效氯氰菊酯　beta-cypermethrin

甲氨基阿维菌素苯甲酸盐　emamectin benzoate

甲氰菊酯　fenpropathrin

甲氧虫酰肼　methoxyfenozide

抗蚜威　pirimicarb

喹螨醚　fenazaquin

联苯肼酯　bifenazate

硫酰氟　sulfuryl fluoride

螺虫乙酯　spirotetramat

螺螨酯　spirodiclofen

氯虫苯甲酰胺　chlorantraniliprole

灭蝇胺　cyromazine

灭幼脲　chlorbenzuron

氰氟虫腙　metaflumizone

噻虫啉　thiacloprid

噻虫嗪　thiamethoxam

噻螨酮　hexythiazox

噻嗪酮　buprofezin

杀虫双　bisultap thiosultapdisodium

杀铃脲　triflumuron

虱螨脲 lufenuron

四聚乙醛 metaldehyde

四螨嗪 clofentezine

辛硫磷 phoxim

溴氰虫酰胺 cyantraniliprole

乙螨唑 etoxazole

茚虫威 indoxacard

唑螨酯 fenpyroximate

b）杀菌剂

苯醚甲环唑 difenoconazole

吡唑醚菌酯 pyraclostrobin

丙环唑 propiconazol

代森联 metriam

代森锰锌 mancozeb

代森锌 zineb

稻瘟灵 isoprothiolane

啶酰菌胺 boscalid

啶氧菌酯 picoxystrobin

多菌灵 carbendazim

噁霉灵 hymexazol

噁霜灵 oxadixyl

噁唑菌酮 famoxadone

粉唑醇 flutriafol

氟吡菌胺 fluopicolide

氟吡菌酰胺 fluopyram

氟啶胺 fluazinam

氟环唑 epoxiconazole

氟菌唑 triflumizole

氟硅唑 flusilazole

氟吗啉 flumorph

氟酰胺　flutolanil

氟唑环菌胺　sedaxane

腐霉利　procymidone

咯菌腈　fludioxonil

甲基立枯磷　tolclofos-methyl

甲基硫菌灵　thiophanate-methyl

腈苯唑　fenbuconazole

腈菌唑　myclobutanil

精甲霜灵　metalaxyl-M

克菌丹　captan

喹啉铜　oxine-copper

醚菌酯　kresoxim-methyl

嘧菌环胺　cyprodinil

嘧菌酯　azoxystrobin

嘧霉胺　pyrimethanil

棉隆 dazomet

氰霜唑　cyazofamid

氰氨化钙　calcium cyanamide

噻呋酰胺　thifluzamide

噻菌灵　thiabendazole

噻唑锌

三环唑　tricyclazole

三乙膦酸铝　fosetyl-aluminium

三唑醇　triadimenol

三唑酮　triadimefon

双炔酰菌胺　mandipropamid

霜霉威　propamocarb

霜脲氰　cymoxanil

威百亩 metam-sodium

萎锈灵　carboxin

肟菌酯　trifloxystrobin

戊唑醇　tebuconazole

烯肟菌胺

烯酰吗啉　dimethomorph

异菌脲　iprodione

抑霉唑　imazalil

c）除草剂

2甲4氯　MCPA

氨氯吡啶酸　picloram

苄嘧磺隆　bensulfuron-methyl

丙草胺　pretilachlor

丙炔噁草酮　oxadiargyl

丙炔氟草胺　flumioxazin

草铵膦　glufosinate-ammonium

二甲戊灵　pendimethalin

二氯吡啶酸　clopyralid

氟唑磺隆　flucarbazone-sodium

禾草灵　diclofop-methyl

环嗪酮　hexazinone

磺草酮　sulcotrione

甲草胺　alachlor

精吡氟禾草灵　fluazifop-P

精喹禾灵　quizalofop-P

精异丙甲草胺　s-metolachlor

绿麦隆　chlortoluron

氯氟吡氧乙酸（异辛酸）　fluroxypyr

氯氟吡氧乙酸异辛酯　fluroxypyr-mepthyl

麦草畏　dicamba

咪唑喹啉酸　imazaquin

灭草松　bentazone

氰氟草酯　cyhalofop butyl

炔草酯　clodinafop-propargyl

乳氟禾草灵　lactofen

噻吩磺隆　thifensulfuron-methyl

双草醚　bispyribac-sodium

双氟磺草胺　florasulam

甜菜安　desmedipham

甜菜宁　phenmedipham

五氟磺草胺　penoxsulam

烯草酮　clethodim

烯禾啶　sethoxydim

酰嘧磺隆　amidosulfuron

硝磺草酮　mesotrione

乙氧氟草醚　oxyfluorfen

异丙隆　isoproturon

唑草酮　carfentrazone-ethyl

d）植物生长调节剂

1-甲基环丙烯　1-methylcyclopropene

2,4-滴　2,4-D（只允许作为植物生长调节剂使用）

矮壮素　chlormequat

氯吡脲　forchlorfenuron

萘乙酸　1-naphthal acetic acid

烯效唑　uniconazole

国家新禁用或列入《限制使用农药名录》的农药自动从上述清单中删除。

第 2 节 肥料使用准则

1 范围

本标准规定了绿色食品生产中肥料使用原则、肥料种类及使用规定。

本标准适用于绿色食品的生产。

2 规范性引用文件

下列文件对于本文件的应用是必不可少的。凡是注日期的引用文件，仅注日期的版本适用于本文件。凡是不注日期的引用文件，其最新版本（包括所有的修改单）适用于本文件。

GB 15063 复合肥料

GB/T 17419 含有机质叶面肥料

GB 18877 有机-无机复合肥料

GB 20287 农用微生物菌剂

GB/T 23348 缓释肥料

GB/T 23349 肥料中砷、镉、铅、铬、汞生态指标

GB/T 34763 脲醛缓释肥料

GB/T 35113 稳定性肥料

GB 38400 肥料中有毒有害物质的限量要求

HG/T 5045 含腐殖酸尿素

HG/T 5046 腐殖酸复合肥料

HG/T 5049 含海藻酸尿素

HG/T 5514 含腐殖酸磷酸一铵、磷酸二铵

HG/T 5515 含海藻酸磷酸一铵、磷酸二铵

NY 227 微生物肥料

NY/T 391 绿色食品 产地环境质量

NY 525 有机肥料

NY/T 798 复合微生物肥料

NY 884 生物有机肥

NY/T 1868 肥料合理使用准则 有机肥料

NY/T 3034 土壤调理剂

NY/T 3442 畜禽粪便堆肥技术规范

3 术语和定义

下列术语和定义适用于本文件。

3.1 AA 级绿色食品（AA grade green food）

产地环境质量符合 NY/T 391 的要求，遵照绿色食品生产标准生产，生产过程中遵循自然规律和生态学原理，协调种植业和养殖业的平衡，不使用化学合成的肥料、农药、兽药、渔药、添加剂等物质，产品质量符合绿色食品产品标准，经专门机构许可使用绿色食品标志的产品。

3.2 A 级绿色食品（A grade green food）

产地环境质量符合 NY/T 391 的要求，遵照绿色食品生产标准生产，生产过程中遵循自然规律和生态学原理，协调种植业和养殖业的平衡，限量使用限定的化学合成生产资料，产品质量符合绿色食品产品标准，经专门机构许可使用绿色食品标志的产品。

3.3 农家肥料（farmyard manure）

由就地取材的，主要由植物、动物粪便等富含有机物的物料制作而成的肥料。包括秸秆肥、绿肥、厩肥、堆肥、沤肥、沼肥、饼肥等。

3.3.1 秸秆肥（straw manure）

成熟植物体收获之外的部分以麦秸、稻草、玉米秸、豆秸、油菜秸等形式直接还田的肥料。

3.3.2 绿肥（green manure）

新鲜植物体就地翻压还田或异地施用的肥料，主要分为豆科绿肥和非豆科绿肥。

3.3.3 厩肥（barnyard manure）

圈养畜禽排泄物与秸秆等垫料发酵腐熟而成的肥料。

3.3.4 堆肥 (compost)

植物、动物排泄物等有机物料在人工控制条件下 (水分、碳氮比和通风等),通过微生物的发酵,使有机物被降解,并生产出一种适宜土地利用的肥料。

3.3.5 沤肥 (wate)

植物、动物排泄物等有机物料在水淹条件下发酵腐熟而成的肥料。

3.3.6 沼肥 (anaerobic digestate fertilizer)

以农业有机物经厌氧消化产生的沼气沼液为载体加工成的肥料。主要包括沼渣和沼液肥。

3.3.7 饼肥 (cake fertilizer)

由含油较多的植物种子压榨去油后的残渣制成的肥料。

3.4 有机肥料 (organic fertilizer)

植物秸秆等废弃物和 (或) 动物粪便等经发酵腐熟的含碳有机物料,其功能是改善土壤理化性质、持续稳定供给植物养分、提高作物品质。

3.5 微生物肥料 (microbial fertilizer)

含有特定微生物活体的制品,应用于农业生产,通过其中所含微生物的生命活动,增加植物养分的供应量或促进植物生长,提高产量,改善农产品品质及农业生态环境的肥料。

3.6 有机-无机复混肥料 (organic-inorganic compound fertilizer)

含有一定量有机肥料的复混肥料。

注:其中复混肥料是指氮、磷、钾三种养分中,至少有两种养分标明量的由化学方法和 (或) 掺混方法制成的肥料。

3.7 无机肥料 (inorganic fertilizer)

主要以无机盐形式存在的能直接为植物提供矿质养分的肥料。

3.8 土壤调理剂 (soil amendment)

加入土壤中用于改善土壤的物理、化学和 (或) 生物性状的物料,功能包括改良土壤结构、降低土壤盐碱危害、调节土壤酸碱度、改善土壤水分状况、修复土壤污染等。

4　肥料使用原则

4.1　土壤健康原则

坚持有机与无机养分相结合、提高土壤有机质含量和肥力的原则，逐渐提高作物秸秆、畜禽粪便循环利用比例，通过增施有机肥或有机物料改善土壤物理、化学与生物性质，构建高产、抗逆的健康土壤。

4.2　化肥减控原则

在保障养分充足供给的基础上，无机氮素用量不得高于当季作物需求量的一半，根据有机磷钾肥投入量相应减少无机磷钾肥施用量。

4.3　合理增施有机肥原则

根据土壤性质、作物需肥规律、肥料特征，合理地使用有机肥，改善土壤理化性质，提高作物产量和品质。

4.4　补充中微量养分原则

因地制宜地根据土壤肥力状况和作物养分需求规律，适当补充钙、镁、硫、锌、硼等养分。

4.5　安全优质原则

使用安全、优质的肥料产品，有机肥的腐熟应符合 NY/T 3442 要求，肥料中重金属、有害微生物、抗生素等有毒有害物质限量应符合 GB 38400 要求，肥料的使用不应对作物感官、安全和营养等品质、以及环境造成不良影响。

4.6　生态绿色原则

增加轮作、填闲作物，重视绿肥特别是豆科绿肥栽培，增加生物多样性与生物固氮，阻遏养分损失。

5　可使用的肥料种类

5.1　AA 级绿色食品生产可使用的肥料种类

可使用 3.3、3.4、3.5 规定的肥料。

5.2　A 级绿色食品生产可使用的肥料种类

除 5.1 规定的肥料外，还可以使用 3.6、3.7 及 3.8 规定的肥料。

6　禁止使用的肥料种类

6.1　未经发酵腐熟的人畜粪尿。

6.2　生活垃圾、未经处理的污泥和含有害物质（如病原微生物、重金属、有害气体等）的工业垃圾。

6.3　成分不明确或含有安全隐患成分的肥料。

6.4　添加有稀土元素的肥料。

6.5　转基因品种（产品）及其副产品为原料生产的肥料。

6.6　国家法律法规规定禁用的肥料。

7　使用规定

7.1　AA 级绿色食品生产用肥料使用规定。

7.1.1　应选用 5.1 所列肥料种类，不应使用化学合成肥料。

7.1.2　可使用完全腐熟的农家肥料或符合 NY/T 3442 规范的堆肥，宜利用秸秆和绿肥，配合施用具有生物固氮、腐熟秸秆等功效的微生物肥料。不应在土壤重金属局部超标地区使用秸秆肥或绿肥，肥料的重金属限量指标应符合 NY 525 和 GB/T 23349 要求，粪大肠菌群数、蛔虫卵死亡率应符合 NY 884 要求。

7.1.3　有机肥料应达到 GB/T 17419、GB/T 23349 或 NY 525 指标，按照 NY/T 1868 标准使用。根据肥料性质（养分含量、C/N 值、腐熟程度）、作物种类、土壤肥力水平和理化性质、气候条件等选择肥料品种，可配施腐熟农家肥和微生物肥提高肥效。

7.1.4　微生物肥料符合 GB 20287 或 NY 884 或 NY 227 或 NY/T 798 标准要求，可与 5.1 所列肥料配合施用，用于拌种、基肥或追肥。

7.1.5　无土栽培可使用农家肥料、有机肥料和微生物肥料，掺混在基质中使用。

7.2　A 级绿色食品生产用肥料使用规定

7.2.1　应选用 5.2 所列肥料种类。

7.2.2　农家肥料的使用按 7.1.2 规定执行。按照 C/N 值≤25∶1 的比例补充化学氮素。

7.2.3　有机肥料的使用按 7.1.3 规定执行。可配施 5.2 所列其他肥料。

7.2.4 微生物肥料的使用按 7.1.4 规定执行。可配施 5.2 所列其他肥料。

7.2.5 使用符合 GB 15063、GB 18877、GB/T 23348、GB/T 34763、GB/T 35113、HG/T 5045、HG/T 5046、HG/T 5049、HG/T 5514、HG/T 5515 等要求的无机、有机-无机复混肥料作为有机肥料、农家肥料、微生物肥料的辅助肥料。化肥减量遵循 4.2 规定，提高水肥一体化程度，利用硝化抑制剂或脲酶抑制剂等提高氮肥利用效率。

7.2.6 根据土壤障碍因子选用符合 NY/T 3034 要求的土壤调理剂改良土壤。

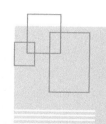

第3章

绿色食品蔬菜产品标准

第1节 白菜类

1 范围

本标准规定了绿色食品白菜类蔬菜的要求、检验规则、标签、包装、运输和储存。

本标准适用于绿色食品白菜类蔬菜，包括大白菜、普通白菜、乌塌菜、紫菜薹、菜薹、薹菜等，各蔬菜的英文名、学名、别名参见附录 A。

2 规范性引用文件

下列文件中对于本文件的应用是必不可少的。凡是注日期的引用文件，仅注日期的版本适用于本文件。凡是不注日期的引用文件，其最新版本（包括最新的修改单）适用于本文件。

GB 2763 食品安全国家标准 食品中农药最大残留限量

GB 5009.12 食品安全国家标准 食品中铅的测定

GB 5009.15 食品安全国家标准 食品中镉的测定

GB/T 20769 水果和蔬菜中 450 种农药及相关化学品残留量的测定方法 液相色谱-串联质谱法

GB 23200.113 食品安全国家标准 植物源性食品中 208 种农药

及其代谢物残留量的测定 气相色谱-质谱联用法

JJF 1070 定量包装商品净含量计量检验规则

NY/T 391 绿色食品　产地环境质量

NY/T 393 绿色食品　农药使用准则

NY/T 394 绿色食品　肥料使用准则

NY/T 658 绿色食品　包装通用准则

NY/T 761 蔬菜和水果中有机磷、有机氯、拟除虫菊酯和氨基甲酸酯类农药多残留的测定

NY/T 896 绿色食品　产品抽样准则

NY/T 1055 绿色食品 产品检验规则

NY/T 1056 绿色食品 贮藏运输准则

NY/T 1379 蔬菜中 334 种农药多残留的测定 气相色谱质谱法和液相色谱质谱法

NY/T 1741 蔬菜名称和计算机编码

NY/T 2103 蔬菜抽样技术规范

国家质量监督检验检疫总局令 2005 年第 75 号《定量包装商品计量监督管理办法》

3　要求

3.1　产地环境

应符合 NY/T 391 的要求。

3.2　生产过程

生产过程中农药使用应符合 NY/T 393 的规定，肥料使用应符合 NY/T 394 的规定。

3.3　感官

应符合表 3-1 的规定。

表 3-1 感官要求

蔬菜	要求	检验方法
大白菜	同一品种，色泽正常，新鲜，清洁，植株完好，结球较紧实、修整良好；无异味、无异常外来水分；无腐烂、烧心、老帮、焦边、凋萎叶、胀裂、侧芽萌发、抽薹、冻害、病虫害及机械伤	品种特征、色泽、新鲜、清洁、腐烂、冻害、病虫害及机械伤等外观特征，用目测法鉴定；异味用嗅的方法鉴定；烧心、病虫害症状不明显而有怀疑者，应剖开检测
菜薹、紫菜薹	同一品种，新鲜、清洁，表面有光泽；不脱水，无皱缩；无腐烂、发霉；无异味、无异常外来水分；无冷害、冻害、凋萎叶、黄叶、病虫害及机械伤；无白心；薹茎长度较一致，粗细较均匀，茎叶嫩绿，叶形完整；允许少量花蕾开放	
其他白菜类蔬菜	同一品种，色泽正常，新鲜，清洁，完好；无黄叶、受损叶、腐烂；无异味、无异常外来水分。无冷害、冻害、病虫害及机械伤。	

3.4 农药残留限量

应符合食品安全国家标准及相关规定，同时符合表 3-2 的规定。

表 3-2 农药残留限量 单位：mg/kg

项目	指标	检验方法
克百威（carbofuran）	≤ 0.01	GB/T 20769
氧乐果（omethoate）	≤ 0.01	GB 23200.113
毒死蜱（chlorpyrifos）	≤ 0.01	GB 23200.113
氟虫腈（fipronil）	≤ 0.01	GB 23200.113
氯氰菊酯（cypermethrin）	≤ 1	GB 23200.113
啶虫脒（acetamiprid）	≤ 0.1	GB/T 20769
吡虫啉（imidacloprid）	≤ 0.2	GB/T 20769

续表

项目	指标	检验方法
多菌灵（carbendazim）	≤ 0.1	GB/T 20769
百菌清（chlorothalonil）	≤ 0.01	NY/T 761
三唑酮（triadimefon）	≤ 0.01	GB 23200.113
腐霉利（pyrimethanil）	≤ 0.2	GB 23200.113
氯氟氰菊酯（cyhalothrin）	≤ 0.01	GB 23200.113
丙溴磷（profenofos）	≤ 0.01	GB 23200.113
哒螨灵（tetranyl）	≤ 0.01	GB 23200.113
阿维菌素（abamectin）	≤ 0.01	NY/T 1379
虫螨腈（pyridaben）	≤ 2	NY/T 1379
烯酰吗啉（dimethomorph）	≤ 0.01	GB/T 20769

3.5 净含量

应符合国家质量监督检验检疫总局令 2005 年第 75 号《定量包装商品计量监督管理办法》的要求，检验方法按 JJF 1070 执行。

4 检验规则

申报绿色食品应按照本标准中 3.3～3.5 以及附录 B 所确定的项目进行检验。其他要求应符合 NY/T 1055 的规定。农药残留检测取样部位应符合 GB 2763 的规定。本标准规定的农药残留量检验方法，如有其他国家标准、行业标准以及部文公告的检测方法，且其检出限和定量限能满足限量值要求时，在检测时可采用。

4.1 组批

同产地、同一品种、同时采收的白菜类蔬菜作为一个检验批次。批发市场同产地、同一品种、同规格、同批号的白菜类蔬菜作为一个检验批次。超市相同进货渠道、同一品种、同规格、同批号的白菜类蔬菜作为一个检验批次。

4.2 抽样方法

应按照 NY/T 896 和 NY/T 2103 中的有关规定执行。

5 标签

应符合国家有关法规的要求。

6 包装、运输和储存

6.1 包装

6.1.1 应符合 NY/T 658 的规定。

6.1.2 按产品的品种、规格分别包装，同一件包装内的产品应摆放整齐。

6.1.3 每批产品所用的包装、单位净含量应一致。

6.1.4 包装检验规则

逐件称量抽取的样品，每件的净含量不应低于包装外标签的净含量。

6.2 运输和储存

应符合 NY/T 1056 的规定。

附录 A（资料性附录）

附表 A.1 给出了绿色食品白菜类蔬菜产品英文名、学名及别名对照，供使用本标准时参考。

附表 A.1 绿色食品白菜类蔬菜产品英文名、学名及别名对照表

白菜类蔬菜	英文名	学名	别名
大白菜	Chinese cabbage	*Brassica campestris* L. ssp. *pekinensis* (Lour.) Olsson	结球白菜、黄芽菜、包心白菜等
普通白菜	pak—choi	*Brassica campestris* L. ssp. *chinensis* (L.) *Makino var. communis* Tsen et Lee	白菜、小白菜、青菜、油菜
乌塌菜	wuta-cai	*Brassica campestris* L. ssp. *chinensis* (L.) *Makino var. rosularis* Tsen et Lee	塌菜、黑菜、塌棵菜、塌地菘等
紫菜薹	purple cai-tai	*Brassica campestris* L. ssp. *chinensis* (L.) *Makino var. purpurea* Bailey	红菜薹

白菜类蔬菜	英文名	学名	别名
菜薹	flowering Chinese cabbage	*Brassica campestris* L. ssp. *chinensis*（L.）var. *utilis* Tsen et Lee	菜心、绿菜薹、菜尖、薹心菜
薹菜	tai-cai	*Brassica campestris* L. ssp. *chinensis*.（L.）Makino var. *tai-tsai* Hort	

注：白菜类蔬菜分类参照 NY/T 1741 和《中国蔬菜栽培学》（第二版）。

附录 B（规范性附录）

附表 B.1 规定了除 3.3～3.4 所列项目外，依据食品安全国家标准和绿色食品白菜类蔬菜生产实际情况，绿色食品申报检验还应检验的项目。

附表 B.1　污染物项目　　　　单位：mg/kg

项目	指标	检验方法
铅（以 Pb 计）	≤ 0.3	GB 5009.12
镉（以 Cd 计）	≤ 0.2	GB 5009.15

第 2 节　瓜　类

1　范围

本标准规定了绿色食品瓜类蔬菜的要求、检验规则、标签、包装、运输和储存。

本标准适用于绿色食品瓜类蔬菜，包括黄瓜、冬瓜、节瓜、南瓜、笋瓜、西葫芦、越瓜、菜瓜、丝瓜、苦瓜、瓠瓜、蛇瓜、佛手瓜等［学名、英文名及俗称（别名）参见附录 A］。

2　规范性引用文件

下列文件对于本文件的应用是必不可少的。凡是注日期的引用文件，仅注日期的版本适用于本文件。凡是不注日期的引用文件，其最新版本（包括所有的修改单）适用于本文件。

GB 5009.12 食品安全国家标准 食品中铅的测定

GB 5009.15 食品安全国家标准 食品中镉的测定

GB 7718 食品安全国家标准 预包装食品标签通则

GB/T 20769 水果和蔬菜中 450 种农药及相关化学品残留量的测定 液相色谱-串联质谱法

GB 23200.113 食品安全国家标准 植物源性食品中 208 种农药及其代谢物残留量的测定 气相色谱-质谱联用法

JF 1070 定量包装商品净含量计量检验规则

NY/T 391 绿色食品 产地环境质量

NY/T 393 绿色食品 农药使用准则

NY/T 394 绿色食品 肥料使用准则

NY/T 658 绿色食品 包装通用准则

NY/T 761 蔬菜和水果中有机磷、有机氯、拟除虫菊酯和氨基甲酸酯类农药多残留的测定

NY/T 1055 绿色食品 产品检验规则

NY/T 1056 绿色食品 贮藏运输准则

NY/T 1379 蔬菜中 334 种农药多残留的测定 气相色谱质谱法和液相色谱质谱法

NY/T 2790 瓜类蔬菜采后处理与产地贮藏技术规范

国家质量监督检验检疫总局令 2005 年第 75 号 定量包装商品计量监督管理办法

3 要求

3.1 产地环境

应符合 NY/T 391 的规定。

3.2 生产过程

生产过程中农药使用应符合 NY/T 393 的规定，肥料使用应符合 NY/T 394 的规定。

3.3 感官

应符合表 3-3 的规定。

表 3-3 感官要求

项目	要求	检验方法
黄瓜	同一品种或相似品种；外观新鲜、有光泽，无萎蔫；瓜条充分膨大，瓜条完整，瓜条直；果面清洁、无杂物、无异常外来水分；无异味；无冷害、冻害及机械伤；无病斑、腐烂或变质；无病虫害及其所造成的损伤	品种特征、色泽、新鲜、清洁、腐烂、畸形、开裂、冻害、表面水分、病虫害及机械伤害等外观特征，用目测法鉴定；气味用嗅的方法鉴定；病虫害症状不明显但疑似者，应用刀剖开目测
苦瓜	同一品种或相似品种；外观新鲜，瘤状饱满，具有果实固有色泽，不脱水、无皱缩；果身发育均匀，果形完整，果蒂完好，果柄切口水平、整齐；无裂果；果面清洁、无杂物、无异常外来水分；无异味；无冷害、冻害及机械伤；无病斑、腐烂或变质；无病虫害及其所造成的损伤	
丝瓜	同一品种或相似品种；外观新鲜，具有果实固有色泽，不脱水、无皱缩；瓜条完整，瓜条匀直，无膨大、细缩部分，无畸形果，无裂果；种子未完全形成，瓜肉中未呈现木质脉经；果面清洁、无杂物、无异常外来水分；无异味；无冷害、冻害及机械伤；无腐烂、发霉或变质；无病虫害及其所造成的损伤	
西葫芦	同一品种或相似品种；外观新鲜，具有果实固有色泽；外观形状完好，果实大小整齐，均匀，外观一致；果面清洁、无杂物；无异味；无冷害、冻害及机械伤；无腐烂、发霉或变质；无病虫害及其所造成的损伤	

续表

项目	要求	检验方法
南瓜	同一品种或相似品种；外观新鲜，具有果实固有色泽和形状，颜色、大小均匀；瓜体完整，果形正常；无畸形、开裂；发育充分，瓜体充实；肉质紧密，不松软；果面清洁、无杂物；无异味；无冷害、冻害、灼害、机械伤和斑痕；无腐烂、发霉或变质；无病虫害及其所造成的损伤	品种特征、色泽、新鲜、清洁、腐烂、畸形、开裂、冻害、表面水分、病虫害及机械伤害等外观特征，用目测法鉴定；气味用嗅的方法鉴定；病虫害症状不明显但疑似者，应用刀剖开目测
冬瓜	同一品种或相似品种；外观新鲜，具有果实固有色泽和形状，颜色、大小均匀；瓜体完整，瓜形端正，发育充分；肉质紧密，不松软；果面清洁、无杂物；无异味；无冷害、冻害、灼害及机械伤；无腐烂或变质；无病虫害及其所造成的损伤	
佛手瓜	同一品种或相似品种；外观新鲜，具有果实固有色泽和形状，颜色、大小均匀；瓜皮光滑鲜亮无刺，瓜形端正；发育充分，瓜皮结实，无"胎萌"现象；肉质脆嫩肥厚；无纤维果肉；无畸形；果面清洁、无杂物、无异常外来水分；无异味；无冷害、冻害、灼害、机械伤和斑痕；无腐烂或变质；无病虫害及其所造成的损伤	
其他瓜类蔬菜	同一品种或相似品种；具有果实固有色泽、形状和风味，成熟适度；果面清洁、无杂物、无异常外来水分；无畸形果、裂果；无异味；无冷害、冻害、灼害及机械伤；无腐烂、发霉或变质；无病虫害及其所造成的损伤	

3.4 农药残留限量

应符合食品安全国家标准及相关规定，同时应符合表 3-4 的规定。

表 3-4　农药残留限量　　　　单位：mg/kg

项目	指标	检验方法
毒死蜱（chlorpyrifos）	≤0.01	GB 23200.113
氟虫腈（fipronil）	≤0.01	GB 23200.113
克百威（carbofuran）	≤0.01	GB/T 20769
氧乐果（omethoate）	≤0.01	GB 23200.113
阿维菌素（abamectin）	≤0.01	NY/T 1379
百菌清（chlorothalonil）	≤0.01	NY/T 761
吡虫啉（imidacloprid）	≤0.5（黄瓜、节瓜） ≤0.01（黄瓜、节瓜除外）	GB/T 20769
啶虫脒（acetamiprid）	≤1（黄瓜） ≤0.2（节瓜） ≤0.01（黄瓜、节瓜除外）	GB/T 20769
多菌灵（carbendazim）	≤0.1（黄瓜） ≤0.01（黄瓜除外）	GB/T 20769
腐霉利（procymidone）	≤2（黄瓜） ≤0.01（黄瓜除外）	GB 23200.113
甲霜灵（metalaxyl）	≤0.01	GB/T 20769
氯氟氰菊酯（cyhalothrin）	≤0.01	GB 23200.113
氯氰菊酯（cypermethrin）	≤0.01	GB 23200.113
噻虫嗪（thiamethoxam）	≤5（黄瓜） ≤0.01（黄瓜除外）	GB/T 20769
三唑酮（triadimefon）	≤0.1（黄瓜） ≤0.01（黄瓜除外）	GB 23200.113
烯酰吗啉（dimethomorph）	≤5（黄瓜） ≤1（苦瓜） ≤0.01（黄瓜、苦瓜除外）	GB/T 20769
溴氰菊酯（deltamethrin）	≤0.01	GB 23200.113

3.5　净含量

应符合国家质量监督检验检疫总局令 2005 第 75 号的要求，检验方法按 JJF 1070 规定执行。

4 检验规则

申报绿色食品应按照本标准 3.3～3.5 以及附录 B 所确定的项目进行检验。其他要求应符合 NY/T 1055 的规定。本标准规定的农药残留量检测方法，如有其他国家标准、行业标准以及部文公告的检测方法，且其检出限和定量限能满足限量值要求时，在检测时可采用。

5 标签

应符合 GB 7718 的规定。

6 包装、运输和储存

6.1 包装

6.1.1 包装应符合 NY/T 658 的规定。

6.1.2 按产品的品种、规格分别包装，同一件包装内的产品应摆放整齐紧密。

6.1.3 每批产品所用的包装、单位净含量应一致。

6.2 运输和储存

6.2.1 运输和储存应符合 NY/T 1056 的规定。

6.2.2 运输前应根据品种、运输方式、路程等确定是否进行预冷。运输过程中注意防冻、防雨淋、防晒，通风散热。

储存时应按品种、规格分别储存，储存应满足 NY/T 2790 的规定。

第3节 茄 果 类

1 范围

本标准规定了绿色食品茄果类蔬菜的要求、检验规则、标签、包装、运输和储存。

本标准适用于绿色食品茄果类蔬菜，包括番茄、茄子、辣椒、甜椒、酸浆、香瓜茄等［学名、英文名及俗称（别名）参见附录 A］。

2 规范性引用文件

下列文件对于本文件的应用是必不可少的。凡是注日期的引用文件，仅注日期的版本适用于本文件。凡是不注日期的引用文件，其最新版本（包括所有的修改单）适用于本文件。

GB/T 191 包装储运图示标志

GB 5009.12 食品安全国家标准 食品中铅的测定

GB 5009.15 食品安全国家标准 食品中镉的测定

GB 7718 食品安全国家标准 预包装食品标签通则

GB/T 20769 水果和蔬菜中 450 种农药及相关化学品残留量的测定 液相色谱-串联质谱法

GB 23200.113 食品安全国家标准 植物源性食品中 208 种农药及其代谢物残留量的测定 气相色谱-质谱联用法

JJF 1070 定量包装商品净含量计量检验规则

NY/T 391 绿色食品 产地环境质量

NY/T 393 绿色食品 农药使用准则

NY/T 394 绿色食品 肥料使用准则

NY/T 658 绿色食品 包装通用准则

NY/T 761 蔬菜和水果中有机磷、有机氯、拟除虫菊酯和氨基甲酸酯类农药多残留的测定

NY/T 1055 绿色食品 产品检验规则

NY/T 1056 绿色食品 贮藏运输准则

NY/T 1379 蔬菜中 334 种农药多残留的测定 气相色谱质谱法和液相色谱质谱法

SB/T 10158 新鲜蔬菜包装与标识

国家质量监督检验检疫总局令 2005 年第 75 号 定量包装商品计量监督管理办法

3 要求

3.1 产地环境

应符合 NY/T 391 的规定。

3.2 生产过程

生产过程中农药和肥料使用应分别符合 NY/T 393 和 NY/T 394 的规定。

3.3 感官

应符合表 3-5 的规定。

表 3-5 感官要求

项目	要求	检验方法
外观	同一品种或相似品种；具有本品种应有的形状，成熟适度；果腔充实，果坚实，富有弹性；同一包装大小基本整齐一致	品种特征、色泽、新鲜、清洁、腐烂、冻害、病虫害及机械伤等外观特征，用目测法鉴定； 异味用嗅的方法鉴定； 病虫害症状不明显但疑似者，应用刀剖开目测
色泽	色泽一致，具有本品应有的颜色	
气味	具有本产品应有的风味，无异味	
清洁度	果面新鲜、清洁，无肉眼可见杂质	
缺陷	无病虫害伤、机械损伤、腐烂、揉烂、冷害、冻害、畸形、裂果、空洞果、疤痕、色斑等	

3.4 农药残留限量

农药残留限量应符合食品安全国家标准及相关规定，同时符合表 3-6 中的规定。

表 3-6 农药残留限量   单位：mg/kg

项目	指标	检验方法
克百威（carbofuran）	≤0.01	GB/T 20769
氟虫腈（fipronil）	≤0.01	GB 23200.113
氧乐果（omethoate）	≤0.01	GB 23200.113
水胺硫磷（isocarbophos）	≤0.01	GB 23200.113
毒死蜱（chlorpyrifos）	≤0.01	GB23200.113
三唑磷（triazophos）	≤0.01	NY/T 761

续表

项目	指标	检验方法
涕灭威（aldicarb）	≤0.01	NY/T 761
阿维菌素（abamectin）	≤0.01	NY/T 1379
氯氟氰菊酯（cyhalothrin）	≤0.01	GB 23200.113
丙溴磷（profenofos）	≤0.01	GB23200.113
甲氨基阿维菌素苯甲酸盐（emamectin benzoate）	≤0.01	GB/T 20769
三唑酮（triadimefon）	≤0.01	GB 23200.113
苯醚甲环唑（difenoconazole）	≤0.5（番茄、辣椒） ≤0.01（番茄、辣椒除外）	GB23200.113
嘧霉胺（pyrimethanil）	≤0.5（番茄） ≤0.01（番茄除外）	GB 23200.113
烯酰吗啉（dimethomorph）	≤1.0（番茄、辣椒） ≤0.01（番茄、辣椒除外）	GB/T 20769

3.5 净含量

应符合国家质量监督检验检疫总局令2005年第75号要求，检验方法按 JJF 1070 规定执行。

4 检验规则

申请绿色食品认证的产品应按照本标准中3.3～3.5以及附录B所确定的项目进行检验。其他要求应符合 NY/T 1055 的规定。本标准规定的农药残留量检测方法，如有其他国家标准、行业标准以及部文公告的检测方法，且其检出限和定量限能满足限量值要求时，在检测时可采用。

5 标签

应符合 GB 7718 的规定。

6 包装、运输和储存

6.1 包装

6.1.1 包装应符合 NY/T 658 的规定。

6.1.2　按产品的品种、规格分别包装，同一件包装内的产品应摆放整齐紧密。

6.1.3　每批产品所用的包装、单位净含量应一致。

6.2　运输和储存

6.2.1　应符合 NY/T 1056 的规定。

6.2.2　运输前应进行预冷。运输过程中注意防冻、防雨淋、防晒、通风散热。

6.2.3　储存时应按品种、规格分别储存。储存温度：适宜产品的储存温度。储存的空气相对湿度：番茄保持在 90%；辣椒和茄子保持在 85%～90%。

6.2.4　库内堆码应保持气流均匀流通。

附录 A（资料性附录）

　　附表 A.1 给出了绿色食品茄果类蔬菜学名、英文名及俗称（别名）对照。

附表 A.1　茄果类蔬菜分类及学名、俗名对照表

蔬菜名称	学名	英文名	俗称（别名）
番茄	*Lycopersicon esculentum* Mill.	tomato	蕃柿、西红柿、洋柿子、小西红柿、樱桃西红柿、樱桃番茄、小柿子
茄子	*Solanum melongena* L.	eggplant	矮瓜、吊菜子、落苏、茄瓜
辣椒	*Capsicum annuum* L.	pepper	牛角椒、长辣椒、菜椒
甜椒	*Capsicum annuum var. grossum*	sweet pepper	灯笼椒、柿子椒
酸浆	*Physalis alkekengi* L.	husk tomato	姑娘、挂金灯、金灯、锦灯笼、泡泡草
香瓜茄	*Solanum muricatum* Ait	melon pear	人参果

附录 B（规范性附录）

　　附表 B.1 规定了除 3.3～3.5 所列项目外，依据食品安全国家

标准和绿色食品茄果类蔬菜生产实际情况，绿色食品申报检验还应检验的项目。

附表 B.1　污染物和农药残留项目　　单位：mg/kg

项目	指标	检验方法
铅（以 Pb 计）	≤0.1	GB 5009.12
镉（以 Cd 计）	≤0.05	GB 5009.15
甲基异柳磷（isofenphos-methyl）	≤0.01	GB 23200.113

第 4 节　葱 蒜 类

1　范围

本标准规定了绿色食品葱蒜类蔬菜的要求、检验规则、标签、包装、运输和储存等。

本标准适用于绿色食品葱蒜类蔬菜，包括韭菜、韭黄、韭薹、韭花、大葱、洋葱、大蒜、蒜苗、蒜薹、薤、韭葱、细香葱、分葱、胡葱、楼葱等，各葱蒜类蔬菜的英文名称、学名、别名参见附录 A。

2　规范性引用文件

下列文件对于本文件的应用是必不可少的。凡是注日期的引用文件，仅注日期的版本适用于本文件。凡是不注日期的引用文件，其最新版本（包括所有的修改单）适用于本文件。

GB/T 191 包装储运图示标志

GB 5009.12 食品安全国家标准 食品中铅的测定

GB 5009.15 食品安全国家标准 食品中镉的测定

GB 7718 食品安全国家标准 预包装食品标签通则

GB/T 20769 水果和蔬菜中 450 种农药及相关化学品残留量的测定 液相色谱-串联质谱法

GB 23200.113 食品安全国家标准 植物源性食品中 208 种农药

及其代谢物残留量的测定 气相色谱-质谱联用法

JJF 1070 定量包装商品净含量计量检验规则

NY/T 391 绿色食品 产地环境质量

NY/T 393 绿色食品 农药使用准则

NY/T 394 绿色食品 肥料使用准则

NY/T 658 绿色食品 包装通用准则

NY/T 761 蔬菜和水果中有机磷、有机氯、拟除虫菊酯和氨基甲酸酯类农药多残留的测定

NY/T 1055 绿色食品 产品检验规则

NY/T 1056 绿色食品 贮藏运输准则

NY/T 1741 蔬菜名称和计算机编码

SB/T 10158 新鲜蔬菜包装与标识

国家质量监督检验检疫总局令 2005 年第 75 号《定量包装商品计量监督管理办法》

3　要求

3.1　产地环境

应符合 NY/T 391 的规定。

3.2　生产过程

生产过程中农药使用应符合 NY/T 393 的规定，肥料使用应符合 NY/T 394 的规定。

3.3　感官

应符合表 3-7 的规定。

表 3-7　绿色食品葱蒜类蔬菜感官要求

项目	要求	检验方法
外观	同一品种，具有本品种应有的形状、色泽和特征，整齐规则，大小均匀，清洁，整齐	外观、成熟度及缺陷等感官项目，用目测的方法鉴定；气味用鼻嗅的方法鉴定；滋味用口尝的方法鉴定
滋味、气味	具有本品种应有的滋味和气味，无异味	
成熟度	成熟适度，具有适于市场销售或储存要求的成熟度	
缺陷	无机械伤、霉变、腐烂、虫蚀、病斑点、畸形	

3.4 农药残留限量

农药残留限量应符合食品安全国家标准及相关规定，同时应符合表 3-8 的规定。

表 3-8 农药残留限量 单位：mg/kg

项目	指标	检验方法
毒死蜱（chlorpyrifos）	≤0.01	GB 23200.113
吡虫啉（imidacloprid）	≤0.01（韭菜和小葱除外） ≤0.15（小葱）	GB/T 20769
氯氰菊酯（cypermethrin）	≤0.01（洋葱除外）	NY/T 761
腐霉利（procymidone）	≤0.01（韭菜除外）	GB 23200.113
氯氟氰菊酯（cyhalothrin）	≤0.01	GB 23200.113
多菌灵（carbendazim）	≤0.01	GB/T 20769
氟虫腈（fipronil）	≤0.01	GB 23200.113
辛硫磷（phoxim）	不得检出（≤0.02）（大蒜和韭菜除外）	GB/T 20769
二甲戊灵（pendimethalin）	≤0.01（大蒜、韭菜和洋葱除外） ≤0.05（洋葱）	GB 23200.113
噻虫嗪（thiamethoxam）	≤0.01（韭菜除外） ≤0.02（韭菜）	GB/T 20769
甲拌磷（phorate）	≤0.01	GB 23200.113
乙氧氟草醚（oxyfluorfen）	≤0.01（大蒜、青蒜和蒜薹除外）	GB 23200.113
六六六（HCH）	≤0.05	GB 23200.113
苯醚甲环唑（difenoconazole）	≤0.01（大蒜和洋葱除外） ≤0.2（洋葱）	GB 23200.113

3.5 净含量

应符合国家质量监督检验检疫总局令 2005 年第 75 号《定量包装商品计量监督管理办法》的要求，检验方法按 JJF 1070 执行。

4 检验规则

申报绿色食品的葱蒜类蔬菜产品应按照本标准中 3.3～3.5 以及附录 B 所确定的项目进行检验。其他要求应符合 NY/T 1055 的规定。本标准规定的农药残留量检测方法，如有其他国家标准、行业标准以及部文公告的检测方法，且其检出限和定量限能满足限量值要求时，在检测时可采用。

5 标签

应符合 GB 7718 的规定。

6 包装、运输和储存

6.1 包装应符合 NY/T 658 的规定，包装储运图示标志应符合 GB/T 191 的规定。

6.2 新鲜葱蒜类蔬菜的包装应符合 SB/T 10158 的规定。

6.3 运输和储存应符合 NY/T 1056 的规定。

第 5 节　豆　类

1 范围

本标准规定了绿色食品豆类蔬菜的要求、检验规则、标签、包装、运输和储存。

本标准适用于绿色食品豆类蔬菜，包括菜豆、多花菜豆、长豇豆、扁豆、莱豆、蚕豆、刀豆、豌豆、食荚豌豆、四棱豆、菜用大豆、黎豆等（学名、英文名及俗称参见附录 A）。

2 规范性引用文件

下列文件对于本文件的应用是必不可少的。凡是注日期的引用文件，仅注日期的版本适用于本文件。凡是不注日期的引用文件，其最新版本（包括所有的修改单）适用于本文件。

GB 5009.12 食品安全国家标准 食品中铅的测定

GB 5009.15 食品安全国家标准 食品中镉的测定

GB 7718 食品安全国家标准 预包装食品标签通则

GB/T 20769 水果和蔬菜中 450 种农药及相关化学品残留量的测定 液相色谱-串联质谱法

GB 23200.113 食品安全国家标准 植物源性食品中 208 种农药及其代谢物残留量的测定 气相色谱-质谱联用法

JJF 1070 定量包装商品净含量计量检验规则

NY/T 391 绿色食品 产地环境质量

NY/T 393 绿色食品 农药使用准则

NY/T 394 绿色食品 肥料使用准则

NY/T 658 绿色食品 包装通用准则

NY/T 761 蔬菜和水果中有机磷、有机氯、拟除虫菊酯和氨基甲酸酯类农药多残留的测定

NY/T 1055 绿色食品 产品检验规则

NY/T 1056 绿色食品 贮藏运输准则

NY/T 1202 豆类蔬菜贮藏保鲜技术规程

SB/T 10158 新鲜蔬菜包装与标识

国家质量监督检验检疫总局令 2005 年第 75 号　定量包装商品计量监督管理办法

3　要求

3.1　产地环境

应符合 NY/T 391 的规定。

3.2　生产过程

生产过程中农药和肥料使用应分别符合 NY/T 393 和 NY/T 394 的规定。

3.3　感官

应符合表 3-9 的规定。

表 3-9 感官要求

项目	要求	检验方法
外观	同一品种或相似品种；不含任何可见杂物；外观新鲜、清洁；无失水、皱缩；成熟适度；无异常外来水分；食荚豆类蔬菜要求豆荚鲜嫩，豆荚大小一致、长短均匀；食豆豆类蔬菜籽粒饱满，大小均匀	外观、色泽、缺陷等特征用目测法进行鉴定；气味用嗅觉的方法进行鉴定；缺陷症状不明显而疑似者，应用刀剖开鉴定
色泽	色泽一致，具有本品种应有的颜色	
缺陷	无病虫害伤、机械损伤、腐烂、冷害、冻害、畸形、色斑等	
气味	具有本品种应有的气味，无异味	

3.4 农药残留限量

应符合食品安全国家标准及相关规定，同时符合表 3-10 的规定。

表 3-10 农药残留限量 单位：mg/kg

项目	指标	检验方法
克百威（carbofuran）	≤0.01	GB/T 20769
三唑磷（triazophos）	≤0.01	GB 23200.113
氟虫腈（fipronil）	≤0.01	GB 23200.113
氧乐果（omethoate）	≤0.01	GB 23200.113
甲胺磷（methamidophos）	≤0.01	GB 23200.113
毒死蜱（chlorpyrifos）	≤0.01	GB 23200.113
多菌灵（carbendazim）	≤0.01	GB/T 20769
氯氰菊酯（cypermethrin）	≤0.01	GB 23200.113
百菌清（chlorothalonil）	≤0.01	NY/T 761
敌敌畏（dichlorvos）	≤0.01	GB 23200.113
溴氰菊酯（deltamethrin）	≤0.01	GB 23200.113

续表

项目	指标	检验方法
氰戊菊酯（fenvalerate）	≤0.01	GB 23200.113
氟氯氰菊酯（cyfluthrin）	≤0.01	GB 23200.113
氯氟氰菊酯（cyhalothrin）	≤0.01	GB 23200.113
水胺硫磷（isocarbophos）	≤0.01	GB 23200.113
三唑酮（triadimefon）	≤0.05（豌豆） ≤0.01（其他豆类）	GB 23200.113

3.5 净含量

应符合国家质量监督检验检疫总局令 2005 第 75 号的要求，检验方法按 JJF 1070 规定执行。

4 检验规则

申报绿色食品应按照本标准中 3.3～3.5 以及附录 B 所确定的项目进行检验。其他要求应符合 NY/T 1055 的规定。本标准规定的农药残留量检测方法，如有其他国家标准、行业标准以及部文公告的检测方法，且其检出限和定量限能满足限量值要求时，在检测时可采用。

5 标签

应符合 GB 7718 的规定。

6 包装、运输和储存

6.1 包装

6.1.1 应符合 NY/T 658 的规定。

6.1.2 用于包装的容器如泡沫箱、塑料箱、纸箱等，应符合 SB/T 10158 的规定。

6.1.3 按产品的品种、规格分别包装，同一件包装内的产品应摆放整齐紧密。

6.1.4 每批产品所用的包装、单位质量应一致。

6.2 运输和储存

6.2.1 应符合 NY/T 1056 的规定。

6.2.2 运输前应进行预冷。运输过程中注意防冻、防雨淋、防晒、通风、散热。

6.2.3 按品种、规格分别储藏，储存应满足 NY/T 1202 的规定。

6.2.4 储藏和运输环境洁净卫生，不与有毒有害、易污染环境等物质一起储藏和运输。

附录 A（资料性附录）

附表 A.1 给出了绿色食品豆类蔬菜学名、英文名及俗称（别名）对照。

附表 A.1 常见豆类蔬菜学名、英文名及俗称对照表

蔬菜名称	学名	英文名	俗称（别名）
菜豆	*Phaseolus vulgaris* L.	kidney bean	四季豆、芸豆、玉豆、豆角、芸扁豆、京豆、敏豆
多花菜豆	*Phaseolus coccineus* L. （*syn. P. multiflorus Willd.*）	scarlet runner bean	龙爪豆、大白芸豆、荷包豆、红花菜豆
长豇豆	*Vigna unquiculata W. ssp. sesquipedalis* （L.）*Verd*	asparagus bean	豆角、长豆角、带豆、筷豆、长荚豇豆
扁豆	*Dolichos lablab* L.	lablab	峨眉豆、眉豆、沿篱豆、鹊豆、龙爪豆
菜豆	*Phaseolus lunatus* L.	lima bean	利马豆、雪豆、金甲豆、棉豆、荷包豆、白豆、观音豆
蚕豆	*Vicia faba* L.	broad bean	胡豆、罗汉豆、佛豆、寒豆
刀豆	*Canavalia gladiata* （*Jarq*）DC.	swordbean	大刀豆、关刀豆、菜刀豆
豌豆	*Pisum sativum* L.	vegetable pea	雪豆、回豆、麦豆、青斑豆、麻豆、青小豆
食荚豌豆	*Pisum sativum* L. *var. macrocarpon Ser.*	sugar pod garden pea	荷兰豆
四棱豆	*Psophocarpus tetragonolobus* （L.）DC.	winged bean	翼豆、四稜豆、杨桃豆、四角豆、热带大豆

续表

蔬菜名称	学名	英文名	俗称（别名）
菜用大豆	*Glycine max* （L.） *Merr.*	soya bean	毛豆、枝豆
藜豆	*Stizolobium capitatum Kuntze*	yokohama bean	狸豆、虎豆、狗爪豆、八升豆、毛毛豆、毛胡豆

第6节 绿 叶 类

1 范围

本标准规定了绿色食品绿叶类蔬菜的要求、检验规则、标签、包装、运输和储存。

本标准适用于绿色食品绿叶类蔬菜，包括菠菜、芹菜、落葵、莴苣（包括结球莴苣、莴笋、油麦菜、皱叶莴苣等）、蕹菜、茴香（包括小茴香、球茎茴香）、苋菜、青葙、芫荽、茼蒿（包括大叶茼蒿、小叶茼蒿、蒿子秆）、荠菜、冬寒菜、番杏、菜苜蓿、紫背天葵、榆钱菠菜、菊苣、鸭儿芹、苦苣、苦荬菜、菊花脑、酸模、珍珠菜、芝麻菜、白花菜、香芹菜、罗勒、薄荷、紫苏、莳萝、马齿苋、蕺菜、蒲公英、马兰、蒌蒿等，各蔬菜的英文名、学名、别名参见附录 A。

2 规范性引用文件

下列文件的引用对于本文件的应用是必不可少的。凡是注日期的引用文件，仅注日期的版本适用于本文件。凡是不注日期的引用文件，其最新版本（包括最新的修改单）适用于本文件。

GB 2763 食品安全国家标准 食品中农药最大残留限量

GB 5009.12 食品安全国家标准 食品中铅的测定

GB 5009.15 食品安全国家标准 食品中镉的测定

GB/T 20769 水果和蔬菜中 450 种农药及相关化学品残留量的测定方法 液相色谱-串联质谱法

GB 23200.113 食品安全国家标准 植物源性食品中 208 种农药及其代谢物残留量的测定 气相色谱-质谱联用法

JJF 1070 定量包装商品净含量计量检验规则

NY/T 391 绿色食品 产地环境质量

NY/T 393 绿色食品 农药使用准则

NY/T 394 绿色食品 肥料使用准则

NY/T 658 绿色食品 包装通用准则

NY/T 761 蔬菜和水果中有机磷、有机氯、拟除虫菊酯和氨基甲酸酯类农药多残留的测定

NY/T 896 绿色食品 产品抽样准则

NY/T 1055 绿色食品 产品检验规则

NY/T 1056 绿色食品 贮藏运输准则

NY/T 1379 蔬菜中 334 种农药多残留的测定 气相色谱质谱法和液相色谱质谱法

NY/T 1741 蔬菜名称和计算机编码

NY/T 2103 蔬菜抽样技术规范

国家质量监督检验检疫总局令 2005 年第 75 号《定量包装商品计量监督管理办法》

3 要求

3.1 产地环境

应符合 NY/T 391 的要求。

3.2 生产过程

生产过程中农药使用应符合 NY/T 393 的规定，肥料使用应符合 NY/T 394 的规定。

3.3 感官

应符合表 3-11 的规定。

表 3-11　感官要求

蔬菜	要求	检验方法
芹菜	同一品种，具有该品种特有的外形和颜色特征。新鲜、清洁、整齐，紧实（适用时），鲜嫩，切口整齐（如有），无糠心、分蘖、褐茎。无腐烂、异味、冷害、冻害、病虫害及机械伤。无异常外来水分	品种特征、成熟度、新鲜、清洁、腐烂、畸形、开裂、黄叶、抽薹、冷害、冻害、灼伤、病虫害及机械伤害等外观特征用目测法鉴定；病虫害症状不明显而有怀疑者，应剖开检测；异味用嗅的方法鉴定
菠菜	同一品种，清洁，外观鲜嫩，表面有光泽，不脱水，无皱缩；整修完好；颜色浓绿、叶片厚。无抽薹和黄叶，无异常外来水分；无腐烂、异味、灼伤、冷害、冻害、病虫害及机械伤。无异常外来水分	
莴苣	同一品种，具有该品种固有的色泽，清洁，整修良好，外形完好，成熟度适宜；外观新鲜，不失水，无老叶、黄叶和残叶；茎秆鲜嫩、直，无抽薹、空心、裂口；无现蕾；无腐烂、异味、灼伤、冷害、冻害、病虫害及机械伤。无异常外来水分	
其他绿叶类蔬菜	同一品种，成熟适度，色泽正，新鲜、清洁。无腐烂、畸形、开裂、黄叶、抽薹、异味、灼伤、冷害、冻害、病虫害及机械伤。无异常外来水分	

3.4　农药残留限量

应符合食品安全国家标准及相关规定，同时符合表 3-12 的规定。

表 3-12　农药残留限量　　　　　单位：mg/kg

项目	指标	检验方法
克百威（carbofuran）	≤ 0.01	GB/T 20769
氧乐果（omethoate）	≤ 0.01	GB 23200.113
毒死蜱（chlorpyrifos）	≤ 0.01	GB 23200.113

续表

项目	指标	检验方法
氟虫腈（fipronil）	≤0.01	GB 23200.113
啶虫脒（acetamiprid）	≤0.1	GB/T 20769
吡虫啉（imidacloprid）	≤0.1	GB/T 20769
多菌灵（carbendazim）	≤0.01	GB/T 20769
百菌清（chlorothalonil）	≤0.01	NY/T 761
嘧霉胺（pyrimythanil）	≤0.01	GB 23200.113
苯醚甲环唑（difenoconazole）	≤0.1	GB 23200.113
腐霉利（procymidone）	≤0.01	GB 23200.113
氯氰菊酯（cypermethrin）	≤1	GB 23200.113
氯氟氰菊酯（cyhalothrin）	≤0.01	GB 23200.113
异菌脲（iprodione）	≤0.01	GB 23200.113
阿维菌素（abamectin）	≤0.01	NY/T 1379
虫螨腈（pyridaben）	≤0.01	NY/T 1379
烯酰吗啉（dimethomorph）	≤10	GB/T 20769

3.5 净含量

应符合国家质量监督检验检疫总局令 2005 年第 75 号《定量包装商品计量监督管理办法》的要求，检验方法按 JJF 1070 执行。

4 检验规则

申报绿色食品应按照本标准中 3.3～3.5 以及附录 B 所确定的项目进行检验。其他要求应符合 NY/T 1055 的规定。农药残留检测取样部位应符合 GB 2763 的规定。本标准规定的农药残留量检验方法，如有其他国家标准、行业标准以及部文公告的检测方法，且其检出限和定量限能满足限量值要求时，在检测时可采用。

4.1 组批

同产地、同一品种、同时采收的绿叶类蔬菜作为一个检验批次。批发市场同产地、同一品种、同规格、同批号的绿叶类蔬菜作

为一个检验批次。超市相同进货渠道、同一品种、同规格、同批号
的绿叶类蔬菜作为一个检验批次。

4.2 抽样方法

按照 NY/T 896 和 NY/T 2103 中的有关规定执行。

5 标签

应符合国家有关法规的要求。

6 包装、运输和储存

6.1 包装

6.1.1 应符合 NY/T 658 的规定。

6.1.2 按产品的品种、规格分别包装,同一件包装内的产品应摆
放整齐。

6.1.3 每批产品所用的包装、单位净含量应一致。

6.1.4 包装检验规则

逐件称量抽取的样品,每件的净含量不应低于包装外标签的净
含量。

6.2 运输和储存

应符合 NY/T 1056 的规定。

附录 A (资料性附录)

附表 A.1 给出了绿色食品绿叶类蔬菜产品英文名、学名及别
名对照,供使用本标准时参考。

附表 A.1 绿色食品绿叶类蔬菜产品英文名、学名及别名对照表

绿叶类蔬菜	英文名	学名	别名
菠菜	spinach	*Spinacia oleracea* L.	菠薐、波斯草、赤根草、角菜、波斯菜、红根菜
芹菜	celery	*Apium graveolens* L.	芹、旱芹、药芹、野圆荽、塘蒿、苦堇
落葵	malabar spinach	*Basella* sp.	木耳菜、胭脂菜、藤菜、软桨叶

续表

绿叶类蔬菜	英文名	学名	别名
莴苣	lettuce	*Lactuca sativa* L.	生菜、千斤菜。包括茎用莴苣（莴笋）、皱叶莴苣、直立莴苣（也叫长叶莴苣、散叶莴苣，如油麦菜）、结球莴苣等。
蕹菜	water spinach	*I pomoea aquatica* Forsk.	竹叶菜、空心菜、藤菜、藤藤菜、通菜
茴香	fennel	*Foeniculum* Mill	包括意大利茴香、小茴香和球茎茴香。
苋菜	edible amaranth	*Amaranthus mangostanus* L.	苋、米苋、赤苋、刺苋
青葙	feather cockscomb	*Celosia argentea* L.	土鸡冠、青葙子、野鸡冠
芫荽	Coriander	*Coriandrum sativum* L.	香菜、胡荽、香荽
叶菾菜	swiss chard	*Beta vulgaris* L. var. *cicla* L.	莙荙菜、厚皮菜、牛皮菜、火焰菜
茼蒿	garland chrysanthemum	*Chrysanthemum* sp.	包括大叶茼蒿（板叶茼蒿、菊花菜、大花茼蒿、大叶蓬蒿）、小叶茼蒿（花叶茼蒿或细叶茼蒿）和蒿子秆
荠菜	shepherd's purse	*Capsella bursa-pastoris* L.	护生草、菱角草、地米菜、扇子草
冬寒菜	curled mallow	*Malva verticillata* L. (syn. *M. crispa* L.)	冬葵、葵菜、滑肠菜、葵、滑菜、冬苋菜、露葵
番杏	New Zealand spinach	*Tetragonia expansa* Murr.	新西兰菠菜、洋菠菜、夏菠菜、毛菠菜
菜苜蓿	california burclover	*Medicago hispida* Gaertn.	草头、黄花苜蓿、南苜蓿、刺苜蓿

续表

绿叶类蔬菜	英文名	学名	别名
紫背天葵	gynura	*Gynura bicolor* DC.	血皮菜、观音苋、红凤菜
榆钱菠菜	garden orach	*Atriplex hortensis* L.	食用滨藜、洋菠菜、山菠菜、法国菠菜、山菠菠草
菊苣	chicory	*Cichorium intybus* L.	欧洲菊苣、吉康菜、法国苣英菜
鸭儿芹	Japanese hornwort	*Cryptotaenia japonica* Hassk	鸭脚板、三叶芹、山芹菜、野蜀葵、三蜀芹、水芹菜
苦苣	endive	*Cichorium endivia* L.	花叶生菜、花苣、菊苣菜
苦荬菜	common sowthistle	*Sonchus arvensis* L.	取麻菜、苦苣菜
菊花脑	vegetable chrysanthemum	*Chrysanthemum nankingense* Hand. -Mazt.	路边黄、菊花叶、黄菊仔、菊花菜
酸模	garden sorrel	*Rumex acetosa* L.	山菠菜、野菠菜、酸溜溜
珍珠菜	clethra loosestrife	*Artemisia lactiflora* Wallich ex DC.	野七里香、角菜、白苞菜、珍珠花、野脚艾
芝麻菜	roquette	*Eruca sativa* Mill.	火箭生菜、臭菜
白花菜	african spider herb	*Cleome gynandra* L.	羊角菜、凤蝶菜
香芹菜	parsley	*Petroselinum crispum* （Mill.）Nym. ex A. V. Hill（*P. hortense* Hoffm.）	洋芫荽、旱芹菜、荷兰芹、欧洲没药、欧芹、法国香菜、旱芹菜
罗勒	basil	*Ocimum basilicum* L.	毛罗勒、九层塔、光明子、寒陵香、零陵香

续表

绿叶类蔬菜	英文名	学名	别名
薄荷	mint	*Mentha haplocalyx* Briq.	田野薄荷、蕃荷菜、苏薄荷、仁丹草
紫苏	perilla	*Perilla frutescens* (L.) Britt.	荏、赤苏、白苏、回回苏、香苏、苏叶、
莳萝	dill	*Anethum graveolens* L.	土茴香、洋茴香、茴香草
马齿苋	purslane	*Portulaca oleracea* L.	马齿菜、长命菜、五星草、瓜子菜、马蛇子菜
蕺菜	heartleaf houttuynia herb	*Houttuynia cordata* Thumb.	鱼腥草、蕺儿根、侧耳根、狗贴耳、鱼鳞草
蒲公英	dandelion	*Taraxacum mongolicum* Hand. -Mazz.	黄花苗、黄花地丁、婆婆丁、蒲公草
马兰		*Kalimeris indica* (L.) Sch. -Bip.	马兰头、红梗菜、紫菊、田边菊、鸡儿肠、竹节草
蒌蒿	Seleng wormood	*Artemisia selengensis* Turcz. ex Bess.	芦蒿、水蒿

注：绿叶类蔬菜分类参照 NY/T 1741 和《中国蔬菜栽培学》（第二版）。

附录 B（规范性附录）

附表 B.1 规定了除 3.3～3.4 所列项目外，依据食品安全国家标准和绿色食品绿叶类蔬菜生产实际情况，绿色食品申报检验还应检验的项目。

附表 B.1 农药残留、污染物项目 单位：mg/kg

检验项目	指标	检验方法
甲拌磷（phorate）	≤ 0.01	GB 23200.113
铅（以 Pb 计）	≤ 0.3	GB 5009.12
镉（以 Cd 计）	≤ 0.2	GB 5009.15

第 7 节　根 菜 类

1　范围

本标准规定了绿色食品根菜类蔬菜的要求、检验规则、标签、包装、运输和储存等。

本标准适用于绿色食品根菜类蔬菜，包括萝卜、胡萝卜、芜菁、芜菁甘蓝、美洲防风、根恭菜、婆罗门参、黑婆罗门参、牛蒡、山葵、根芹菜等，各蔬菜的英文名、学名、别名参见附录 A。

2　规范性引用文件

下列文件中对于本文件的应用是必不可少的。凡是注日期的引用文件，仅注日期的版本适用于本文件。凡是不注日期的引用文件，其最新版本（包括最新的修改单）适用于本文件。

GB 2763 食品安全国家标准 食品中农药最大残留限量

GB 5009.12 食品安全国家标准 食品中铅的测定

GB 5009.15 食品安全国家标准 食品中镉的测定

GB/T 20769 水果和蔬菜中 450 种农药及相关化学品残留量的测定方法 液相色谱-串联质谱法

GB 23200.113 食品安全国家标准 植物源性食品中 208 种农药及其代谢物残留量的测定 气相色谱-质谱联用法

JJF 1070 定量包装商品净含量计量检验规则

NY/T 391 绿色食品　产地环境质量

NY/T 393 绿色食品　农药使用准则

NY/T 394 绿色食品　肥料使用准则

NY/T 658 绿色食品　包装通用准则

NY/T 761 蔬菜和水果中有机磷、有机氯、拟除虫菊酯和氨基甲酸酯类农药多残留的测定

NY/T 896 绿色食品　产品抽样准则

NY/T 1055 绿色食品 产品检验规则

NY/T 1056 绿色食品 贮藏运输准则

NY/T 1379 蔬菜中 334 种农药多残留的测定 气相色谱质谱法和液相色谱质谱法

NY/T 1741 蔬菜名称和计算机编码

NY/T 2103 蔬菜抽样技术规范

国家质量监督检验检疫总局令 2005 年第 75 号《定量包装商品计量监督管理办法》

3 要求

3.1 产地环境

应符合 NY/T 391 的要求。

3.2 生产过程

生产过程中农药使用应符合 NY/T 393 的规定，肥料使用应符合 NY/T 394 的规定。

3.3 感官

应符合表 3-13 的规定。

表 3-13 感官要求

蔬菜	要求	检验方法
胡萝卜	同一品种，具有品种固有的特征；新鲜、清洁、成熟适度，色泽均匀、自然鲜亮；根形完整良好，形状均匀，无裂根、分权、瘤包，无抽薹，无青头。无畸形、腐烂、异味、冻害、病虫害及机械伤。无异常外来水分	品种特征、成熟度、根形、畸形、清洁、腐烂、分叉、冻害、病虫害及机械伤害等外观特征用目测法鉴定；异味用嗅的方法鉴定。糠心、黑心、病虫害症状不明显而有怀疑者，应剖开检测
萝卜	同一品种，具有品种固有的色泽；具有萝卜正常的滋味，肉质鲜嫩，无异味；新鲜、清洁、成熟适度，色泽正、形状正常、表皮光滑；无抽薹，无裂根、歧根，无糠心、黑皮、黑心、粗皮。无畸形、皱缩、腐烂、异味、冻害、病虫害及机械伤。无异常外来水分	

续表

蔬菜	要求	检验方法
其他根菜类蔬菜	同一品种，具有品种固有的色泽和形状，成熟适度，新鲜，清洁，根形完好。无畸形、腐烂、异味、冻害、病虫害及机械伤。无异常外来水分	品种特征、成熟度、根形、畸形、清洁、腐烂、分叉、冻害、病虫害及机械伤害等外观特征用目测法鉴定；异味用嗅的方法鉴定。糠心、黑心、病虫害症状不明显而有怀疑者，应剖开检测

3.4 农药残留限量

应符合食品安全国家标准及相关规定，同时应符合表3-14的规定。

表 3-14　农药残留限量 单位：mg/kg

项目	指标	检验方法
毒死蜱（chlorpyrifos）	≤ 0.01	GB 23200.113
百菌清（chlorothalonil）	≤ 0.01	NY/T 761
多菌灵（carbendazim）	≤ 0.01	GB/T 20769
虫螨腈（pyridaben）	≤ 0.01	NY/T 1379
烯酰吗啉（dimethomorph）	≤ 0.01	GB/T 20769
氯氰菊酯（cypermethrin）	≤ 0.01	GB 23200.113
吡虫啉（imidacloprid）	≤ 0.5	GB/T 20769

3.5 净含量

应符合国家质量监督检验检疫总局令2005年第75号《定量包装商品计量监督管理办法》的要求，检验方法按JJF 1070执行。

4 检验规则

申报绿色食品应按照本标准中3.3～3.5以及附录B所确定的项目进行检验。其他要求应符合NY/T 1055的规定。农药残留检测取样部位应符合GB 2763的规定。本标准规定的农药残留量检验方法，如有其他国家标准、行业标准以及部文公告的检测方法，且其检出限和定量限能满足限量值要求时，在检测时可采用。

4.1　组批

同产地、同一品种、同时采收的根菜类蔬菜作为一个检验批次。批发市场同产地、同一品种、同规格、同批号的根菜类蔬菜作为一个检验批次。超市相同进货渠道、同一品种、同规格、同批号的根菜类蔬菜作为一个检验批次。

4.2　抽样方法

按照 NY/T 896 和 NY/T 2103 中的有关规定执行。

5　标签

应符合国家有关法规的要求。

6　包装、运输和储存

6.1　包装

6.1.1　应符合 NY/T 658 的规定。

6.1.2　按产品的品种、规格分别包装，同一件包装内的产品应摆放整齐。

6.1.3　每批产品所用的包装、单位净含量应一致。

6.1.4　包装检验规则

逐件称量抽取的样品，每件的净含量不应低于包装外标签的净含量。

6.2　运输和储存

应符合 NY/T 1056 的规定。

附录 A（资料性附录）

附表 A.1 给出了绿色食品根菜类蔬菜产品英文名、学名及别名对照，供使用本标准时参考。

附表 A.1　绿色食品根菜类蔬菜产品英文名、学名及别名对照表

根菜类蔬菜	英文名	学名	别名
萝卜	radish	*Raphanus sativus* L.	莱菔、芦菔、葵、地苏

续表

根菜类蔬菜	英文名	学名	别名
胡萝卜	carrot	*Daucus carota* L. var. s*ativa* DC.	红萝卜、黄萝卜、番萝卜、丁香萝卜、赤珊瑚、黄根
芜菁	turnip	*Brassica campestris* L. ssp. *rapifera* Matzg	蔓菁、圆根、盘菜、九英菘
芜菁甘蓝	rutabaga	*Brassica napobrassica* Mill	洋蔓菁、洋大头菜、洋疙瘩、根用甘蓝、瑞典芜菁
美洲防风	american parsnip	*Pastinaca sativa* L.	芹菜萝卜、蒲芹萝卜、欧防风
根恭菜	table beet	*Beta vulgaris* L. var. *rapacea* Koch.	红菜头、紫菜头、火焰菜
婆罗门参	salsify	*Tragopogon porrifolius* L.	西洋牛蒡、西洋白牛蒡
黑婆罗门参	black salsify	*Scorzonera hispanica* L.	鸦葱、菊牛蒡、黑皮牡蛎菜
牛蒡	edible burdock	*Arctium lappa* L.	大力子、蝙蝠刺、东洋萝卜
山葵	wasabi	*Eutrema wasabi*（Siebold）Maxim.	瓦萨比、山姜、泽葵、山嵛菜
根芹菜	root celery	*Apium graveolens* L. var. *rapaceum* DC.	根用芹菜、根芹、根用塘蒿、旱芹菜根

注：根菜类蔬菜分类参照 NY/T 1741 和《中国蔬菜栽培学》（第二版）。

附录 B（规范性附录）

附表 B.1 规定了除表 3-14 所列项目外，依据食品安全国家标准和绿色食品根菜类蔬菜生产实际情况，绿色食品申报检验还应检验的项目。

附表 B.1 污染物、农药残留项目 单位：mg/kg

项目	指标	检验方法
甲拌磷（phorate）	≤ 0.01	GB 23200.113
铅（以 Pb 计）	≤ 0.1	GB 5009.12
镉（以 Cd 计）	≤ 0.1	GB 5009.15

第8节 甘蓝类

1 范围

本标准规定了绿色食品甘蓝类蔬菜的要求、检验规则、标签、包装、运输和储存。

本标准适用于绿色食品甘蓝类蔬菜，包括结球甘蓝、赤球甘蓝、抱子甘蓝、皱叶甘蓝、羽衣甘蓝、花椰菜、青花菜、球茎甘蓝、芥蓝等，各蔬菜的英文名、学名、别名参见附录 A。

2 规范性引用文件

下列文件中对于本文件的应用是必不可少的。凡是注日期的引用文件，仅注日期的版本适用于本文件。凡是不注日期的引用文件，其最新版本（包括最新的修改单）适用于本文件。

GB 2763 食品安全国家标准 食品中农药最大残留限量

GB 5009.12 食品安全国家标准 食品中铅的测定

GB 5009.15 食品安全国家标准 食品中镉的测定

GB/T 20769 水果和蔬菜中 450 种农药及相关化学品残留量的测定方法 液相色谱-串联质谱法

GB 23200.113 食品安全国家标准 植物源性食品中 208 种农药及其代谢物残留量的测定 气相色谱-质谱联用法

JJF 1070 定量包装商品净含量计量检验规则

NY/T 391 绿色食品 产地环境质量

NY/T 393 绿色食品　农药使用准则

NY/T 394 绿色食品　肥料使用准则

NY/T 658 绿色食品　包装通用准则

NY/T896 绿色食品　产品抽样准则

NY/T 1055 绿色食品 产品检验规则

NY/T 1056 绿色食品 贮藏运输准则

NY/T 1379 蔬菜中 334 种农药多残留的测定 气相色谱质谱法和液相色谱质谱法

NY/T 1741 蔬菜名称和计算机编码

NY/T2103 蔬菜抽样技术规范

国家质量监督检验检疫总局令 2005 年第 75 号《定量包装商品计量监督管理办法》

3　要求

3.1　产地环境

应符合 NY/T 391 的要求。

3.2　生产过程

生产过程中农药使用应符合 NY/T 393 的规定，肥料使用应符合 NY/T 394 的规定。

3.3　感官

应符合表 3-15 的规定。

表 3-15　感官要求

蔬菜	要求	检验方法
结球甘蓝	同一品种，叶球大小整齐，外观一致，结球紧实，整修良好；新鲜，清洁；无裂球、抽薹、烧心；无腐烂、畸形、异味、灼伤、冻害、病虫害及机械伤；无异常外来水分	品种特征、成熟度、新鲜、清洁、腐烂、开裂、冻害、散花、畸形、抽薹、灼伤、病虫害及机械伤害等外观特征用目测法鉴定；病虫害症状不明显而有怀疑者，应剖开检测；异味用嗅的方法鉴定

续表

蔬菜	要求	检验方法
青花菜	同一品种，外观一致；新鲜，清洁，成熟适度；花球圆整，完好；花球紧实，不松散；色泽一致；花蕾细小、紧实，未开放；花茎鲜嫩，分支花茎短；修整良好，主花茎切削平整，无变色，髓部组织致密，不空心；无腐烂、发霉、畸形、异味、开裂、灼伤、冻害、病虫害及机械伤；无异常外来水分	品种特征、成熟度、新鲜、清洁、腐烂、开裂、冻害、散花、畸形、抽薹、灼伤、病虫害及机械伤害等外观特征用目测法鉴定；病虫害症状不明显而有怀疑者，应剖开检测；异味用嗅的方法鉴定
花椰菜	同一品种，具有品种固有的性状，外观一致；新鲜，清洁；花球圆整，完好；各小花球肉质花茎短缩，花球紧实；色泽一致；无腐烂、畸形、异味、开裂、灼伤、冻害、病虫害及机械伤；无异常外来水分	
芥蓝	同一品种，新鲜，清洁；花蕾不开放，花薹长短一致，粗细均匀；薹叶浓绿、圆滑鲜嫩，叶形完整；不脱水，无黄叶和侧薹；无腐烂、异味、灼伤、冻害、病虫害及机械伤	
其他甘蓝类蔬菜	同一品种，成熟适度，色泽正常，新鲜，清洁，完好。无腐烂、畸形、异味、开裂、灼伤、冻害、病虫害及机械伤；无异常外来水分	

3.4 农药残留限量

应符合食品安全国家标准及相关规定，同时符合表3-16的规定。

表 3-16 农药残留限量 单位：mg/kg

项目	指标	检验方法
啶虫脒（acetamiprid）	≤ 0.1	GB/T 20769
吡虫啉（imidacloprid）	≤ 0.5	GB/T 20769

续表

项目	指标	检验方法
多菌灵（carbendazim）	≤0.01	GB/T 20769
腐霉利（procymidone）	≤0.01	GB 23200.113
毒死蜱（chlorpyrifos）	≤0.01	GB 23200.113
虫螨腈（pyridaben）	≤1	NY/T 1379
噻虫嗪（thiamethoxam）	≤0.2	GB/T 20769
烯酰吗啉（dimethomorph）	≤1	GB/T 20769
氯氰菊酯（cypermethrin）	≤0.5	GB 23200.113
氯氟氰菊酯（cyhalothrin）	≤0.01	GB 23200.113

3.5　净含量

应符合国家质量监督检验检疫总局令 2005 年第 75 号《定量包装商品计量监督管理办法》的要求，检验方法按 JJF 1070 执行。

4　检验规则

申报绿色食品应按照本标准中 3.3～3.5 以及附录 B 所确定的项目进行检验。其他要求应符合 NY/T 1055 的规定。农药残留检测取样部位应符合 GB 2763 的规定。本标准规定的农药残留量检验方法，如有其他国家标准、行业标准以及部文公告的检测方法，且其检出限和定量限能满足限量值要求时，在检测时可采用。

4.1　组批

同产地、同一品种、同时采收的甘蓝类蔬菜作为一个检验批次。批发市场同产地、同一品种、同规格、同批号的甘蓝类蔬菜作为一个检验批次。超市相同进货渠道、同一品种、同规格、同批号的甘蓝类蔬菜作为一个检验批次。

4.2　抽样方法

按照 NY/T896 和 NY/T2103 中的有关规定执行。

5　标签

应符合国家有关法规的要求。

6 包装、运输和储存

6.1 包装

6.1.1 应符合 NY/T 658 的规定。

6.1.2 按产品的品种、规格分别包装，同一件包装内的产品应摆放整齐。

6.1.3 每批产品所用的包装、单位净含量应一致。

6.1.4 包装检验规则

逐件称量抽取的样品，每件的净含量不应低于包装外标签的净含量。

6.2 运输和储存

应符合 NY/T 1056 的规定。

附录 A（资料性附录）

附表 A.1 给出了绿色食品甘蓝类蔬菜产品英文名、学名及别名对照，供使用本标准时参考。

附表 A.1 绿色食品甘蓝类蔬菜产品英文名、学名及别名对照表

甘蓝类蔬菜	英文名	学名	别名
结球甘蓝	cabbage	*Brassica oleracea* L. var. *capitata* L.	洋甘蓝、卷心菜、包心菜、包菜、圆甘蓝、椰菜、茴子白、莲花白、高丽菜
赤球甘蓝	red cabbage	*Brassica oleracea* L. var. *rubra* DC.	红玉菜、紫甘蓝、红色高丽菜
抱子甘蓝	Brussels sprouts	*Brassica oleracea* L. var. *germmifera* Zenk	芽甘蓝、子持甘蓝
皱叶甘蓝	Savoy cabbage	*Brassica oleracea* L. var. *bullata* DC.	缩叶甘蓝
羽衣甘蓝	kales	*Brassica oleracea* L. var. *acephala* DC.	绿叶甘蓝、叶牡丹、花芭菜
花椰菜	cauliflower	*Brassica oleracea* L. var. *botrytis* L.	花菜、菜花，包括松花菜

续表

甘蓝类蔬菜	英文名	学名	别名
青花菜	broccoli	*Brassica oleracea* L. var. *italica* Plenck	绿菜花、意大利花椰菜、木立花椰菜、西兰花、嫩茎花椰菜
球茎甘蓝	kohlrabi	*Brassica oleracea* L. var. *caulorapa* DC.	茎蓝、擘蓝、菘、玉蔓菁、芥蓝头
芥蓝	Chinese kale	*Brassica alboglabra* Bailey	白花芥蓝

注：甘蓝类蔬菜分类参照 NY/T 1741 和《中国蔬菜栽培学》（第二版）。

附录 B（规范性附录）

绿色食品甘蓝类蔬菜产品申报检验项目

附表 B.1 规定了除 3.3～3.4 所列项目外，依据食品安全国家标准和绿色食品甘蓝类蔬菜生产实际情况，绿色食品申报检验还应检验的项目。

附表 B.1　污染物项目　　　　单位：mg/kg

项目	指标	检验方法
铅（以 Pb 计）	≤0.3	GB 5009.12
镉（以 Cd 计）	≤0.05	GB 5009.15

第 9 节　薯蓣类蔬菜

薯芋类蔬菜是以块茎、根茎、球茎和块根等为产品的蔬菜有马铃薯、芋、姜、豆薯、薯蓣、菊芋、草食蚕 10 多种作物。除豆薯用种子繁殖外，其他作物以营养器官进行无性繁殖，需种量大、繁殖系数低。产品以淀粉含量最多，其次有蛋白质、脂肪、维生素及矿物质，耐贮运，适于加工，是淡季供应的主要蔬菜之一。

9.1 马铃薯栽培

马铃薯,又名土豆、洋芋等,具有很高的营养价值和经济价值,既可以粮菜兼用,又可作饲料和工业原料。

9.1.1 生物学特性及其对环境条件要求

马铃薯喜冷凉,不耐高温,以匍匐茎膨大而形成的块茎为产品食用或作种。

马铃薯的生育周期分为发芽期、幼苗期、发棵期、结薯期和休眠期。在不同的生长发育时期,对环境条件的要求是不同的。

(1)发芽期 种薯解除休眠后开始萌发幼芽直到幼芽出土是发芽期。马铃薯发芽生长的最适温度为13~18℃,温度过高则芽条细弱,发根困难。要求土壤相对湿度40%~50%和有良好的透气性,发芽最好。

(2)幼苗期 从幼苗破土出苗到第6或第8片叶展平,形成一个叶序环(俗称团棵)称为幼苗期。幼苗期要求土壤疏松透气,湿度50%~60%为宜,前半期稍干,然后保持湿润。茎叶生长的最适温度为18℃。短日照、强光照、适当的高温和昼夜温差有利于促根、壮苗和提早结薯。

(3)发棵期 从团棵开始到主茎的顶叶(第12或第16片叶)完全展开、第一花序开花(早熟品种)或第二花序开花(晚熟品种)时是发棵期。有充足的肥水、较高的温度和长日照有利于茎叶的生长,但温度过高、追施氮肥过猛、多阴雨则易引起徒长,影响块茎膨大,推迟结薯。低温、强光照,短日照、适时中耕培土,则可抑制茎叶生长,有利于块茎膨大。

(4)结薯期 从块茎膨大增重,主茎顶叶变黄蔫萎,块茎基本稳定,称为结薯期。结薯期要求土壤水分充足而均匀,达到持水量的80%,特别是结薯前期,即使发生短时干旱缺水都会影响产量和商品性状。块茎的生长也是养分的输送积累过程,短日照、强光照、较大的昼夜温差,有利于加快结薯,形成产量。

(5)休眠期 马铃薯块茎的休眠实际上在块茎初始膨大时就开始了,但习惯上是把茎叶衰败、块茎收获后到块茎开始萌发幼芽这段时间称为休眠期。处于休眠状态的块茎即使在适宜发芽的条件下也不会萌发幼芽。通过化学药剂处理、切割种薯、改变温光条件等人工方法，可以提前打破块茎休眠。正常情况下（气温 25℃）休眠期约在 1～3 个月，因品种而异。

9.1.2 品种

（1）万农 4 号　株高 85cm，株形紧凑，抗逆性强。块茎大，圆头形，芽眼浅而小，皮红肉白。生长期 110d，休眠期 80d。亩产 2000kg，宜作春、秋两季栽培。

（2）中薯 3 号　株高 55～60cm，半直立型，分枝少。块茎大而整齐，扁圆形。皮、肉均为淡黄色，表皮光滑，芽眼浅，品质好。生长期 70～75d，早熟，休眠期较长。

（3）米拉　中晚熟品种，白花。抗晚疫病和卷叶病毒病。块茎长椭圆形，皮、肉黄色，芽眼较深。休眠期 100d。

（4）脱毒马铃薯　是指不带病毒病的马铃薯而不是指某一个品种。我市在巫溪县和西南大学建有两个脱毒种薯生产中心，巫溪、武隆、秀山等八个县的脱毒薯原种繁育基地，可提供生产用种薯。

9.1.3 栽培技术

（1）栽培季节　在马铃薯的栽培上，应把结薯期安排在土温 13～20℃的季节，而前期秧苗又不会受霜冻较为适宜。重庆地区春季栽培一般在 1 月下旬开始催芽，2 月上旬定植，5 月上旬收获。在海拔较高的地方则相应推迟播期。

（2）土壤选择及整地施肥　马铃薯根系和块茎的生长需要消耗大量的氧气，栽培上宜选择土层深厚、排水透气性良好、富含有机质的壤土和砂壤土。深翻土壤，耙平。然后 180cm（包沟）开厢，一厢种四行，沟栽窝栽均可。结合翻地重施腐熟有机肥 2500kg 以上、过磷酸钙 25kg 作基肥，或在定植时用 500kg 腐熟有机肥拌 2.5kg 尿素、10kg 过磷酸钙作种肥，沟施或穴施。

（3）种薯处理及定植　种薯应选择品种特征明显，形状、大小一致，无病虫害无严重机械损伤，丰产稳产的块茎作种薯。未解除休眠的种薯，可用浓度为 10～20mg/kg 赤霉素液浸泡整薯 10～

20min，或用 0.5～1.0mg/kg 赤霉素液浸泡薯块 10min 以打破休眠。已解除休眠的种薯可切块催芽播种。切块一般在 20～25g，带 1～2 个芽眼。用大薯块播种，即选用重 75g 左右的块茎，用刀贴近芽眼纵切为两块作种，可获得芽壮苗齐、早熟高产的效果，但会增大用种量和用种成本。催芽宜采用温床，选择向阳背风的地方作床，床内保持干燥和空气流通，温度控制在 25℃左右，10 天后定植。定植时应深栽浅盖。定植密度一般在 5000～6000 株，行距 45cm、株距 25～30cm 为宜。

（4）田间管理　根据马铃薯各个生长时期根系、茎叶和块茎的生长特点，进行管理。

① 出苗前的管理。春季栽培，出苗前要保持土壤疏松透气和适宜的土温，雨后要及时松土，防土壤板结，并中耕除杂草。出苗前十来天如遇干旱须立即灌水。

② 幼苗期的管理。幼苗期时间较短，出苗后及时追肥浇水、中耕培土。苗出齐后要尽早除去弱苗和过多分枝，每窝选留 3～4 株健壮苗。早施追肥，每亩施用 20％人畜粪水 1000kg，加尿素 5kg。结合中耕除草进行培土，培土以培住第一片单叶即可。

③ 发棵期的管理。发棵期的管理可分为前后两个时期。前期管理以浇水和中耕浅培土为主，促进植株发棵。后期管理则以控秧促薯为主，在见蕾后开花前植株即将封行，要深耕松土，特别是行（垄）间土层要深锄松透，并逐渐将土壤水分从 70％降到 60％。现蕾时可追施一次"催蛋肥"，每亩施用草木灰 150kg、腐熟土杂肥 1000kg 或硫酸钾 10kg。开花前应及时摘除花蕾，减少养分消耗。

④ 结薯期的管理。管理重点是水分。土壤应保持湿润状态，但不能积水，遇旱常浇水，遇雨及时排水。在收获前 1 个月起，还可用 5％过磷酸钙＋0.1％硫酸铜＋硼酸混合液进行根外追肥。

（5）收获　从块茎形成到植株变黄这段时间可随时收获。收获越早，产量越低，越晚产量越高。但作种薯用的应适当早收，免受高温影响引起种性退化。作储藏、加工、饲料用时应适当晚收。作商品薯还可视市场价格适时收获。收获前几天应停止浇水。

（6）秋季栽培　又叫"翻秋"，即用当年夏收薯作种薯进行栽培。种薯须用赤霉素液浸泡（方法同上）或削去部分皮层以打破休眠。一般在 9 月上旬（白露）播种，较高海拔山区应提早到 8 月下旬（处暑）播种。因秋季温度高，植株长得较小，应适当密植。幼苗一出土就要重施一次提苗肥，争取在 10 月中下旬达到茎粗叶大。现蕾时追第二次肥，以复合肥为主，利用秋凉气候促进块茎生长。一般在 11 月收获，作种薯用则宜在霜降前采收。

9.1.4　病虫害防治

（1）病害　主要有病毒病、早疫病和晚疫病。

① 马铃薯病毒病。该病发生较重。主要症状有条纹、花叶和蕨叶，并有不同程度的矮化，严重影响马铃薯的产量和质量。该病由马铃薯 X 病毒和 Y 病毒等多种病毒侵染所致。主要是汁液传播，传播的主要媒介是蚜虫。防治方法：a. 选留无病种薯。b. 茎尖脱毒。马铃薯的植株生长点部位是不带毒的，在无毒条件下切取茎尖 0.3～0.5mm，利用组织培养技术，培育无毒苗栽培。c. 实生苗法。马铃薯种子一般不带病毒，在无毒环境下，把种子培养成实生苗，用实生苗结的薯块作种薯，有良好的防病效果。d. 药剂防治。注意防蚜。可用 5% 植病灵水剂 300 倍液、20% 的病毒 A 可湿性粉剂 400～500 倍液、NS-83 增抗剂 100 倍液等。

② 马铃薯早疫病。该病在苗期、成株期均可发生，主要为害叶片和块茎。叶片染病，病斑黑褐色近圆形，有同心轮纹，病斑上长出黑色霉层，严重时叶片干枯脱落。块茎染病，产生暗褐色稍凹陷圆形斑，皮下呈浅褐色海绵状干腐。该病由茄链格孢菌侵染所致。分生孢子借风、雨传播。防治方法：a. 选用无病薯块留种。b. 加强栽培管理，施足有机底肥，增施磷钾肥。c. 药剂防治。可用 64% 杀毒矾可湿性粉剂 500 倍液、75% 百菌清可湿性粉剂 600 倍液、1∶1∶200 波尔多液、4% 农抗 120 水剂 100～150 倍液。

③ 马铃薯晚疫病。俗称瘟病。叶片、茎和块茎均可受害。开花前出现病状，受害叶呈不规则黄褐色斑点，潮湿时有一圈白色霉状物，叶背白霉更茂密明显，为本病特征。茎部或叶柄染病呈褐色

条斑。块茎染病呈紫褐色大块病斑，稍凹陷，病部皮下薯肉亦呈褐色，四周扩大或烂掉。该病由致病疫霉侵染所致。病薯为翌年主要侵染源。防治方法：a. 选用抗病品种。b. 无病地留种。c. 加强栽培管理。适时早播，选择土质疏松排水良好地块。d. 药剂防治。40％三乙膦酸铝可湿性粉剂 200 倍液或 58％甲霜灵·锰锌可湿性粉剂或 64％杀毒矾可湿性粉剂 500 倍液。

（2）虫害　主要有马铃薯鳃金龟及芽虫。

① 马铃薯鳃金龟。主要以幼虫食害马铃薯地下部分及苗根。以幼虫越冬，翌春 4 月底 5 月初上升至表土层活动为害。防治方法：a. 加强预测预报。b. 农业防治。深耕土地，合理安排茬口，施腐熟的有机肥等。c. 药剂防治。50％锌硫磷乳油 1000 倍液，或 80％敌敌畏乳油 1000 倍液，或 80％敌百虫可溶性粉剂 1000 倍液喷洒或灌杀。

② 蚜虫。防治方法可参见"白菜类蔬菜虫害防治"部分。

9.2　芋栽培

芋，又名芋头、毛芋等，属天南星科芋属的多年生宿根草本植物。芋是以膨大的球茎供食，母芋、子芋以及叶柄和花均可食用。

9.2.1　生物学特性及其对环境条件的要求

芋通常不开花、不结籽，为无性繁殖。栽培上多选用母芋中部的子芋作种，种芋发芽后形成新的植株，其茎基部的短缩茎随着植株的生长而逐渐膨大形成地下球茎，即为母芋。母芋中下部几个节位着生棕色鳞毛片和腋芽，健壮的腋芽能形成侧球茎，即为子芋。有的子芋上还能发生孙芋、曾孙芋。母芋上部节位每节长出一片新叶，叶片为阔叶互生，近心脏形，叶柄组织有大量气腔。

生长初期出叶较慢，叶片较小，生长盛期长成的第 7～12 片叶最大，对产量形成最为重要。

芋性喜高温潮湿的环境，耐阴而不耐旱。在海拔 1800m 以下的高温多湿、年降水 2500mm 的地区能生长良好。13～15℃时球茎开始发芽，生长期中要求 20℃以上的温度，球茎的生长发育则以 27～30℃为宜。芋的整个生长期都要求有充足的水分，即使旱芋也应选择潮湿地栽培。芋对光照的要求不严格，短日照有利于球茎的膨大。芋不宜连作，应有 2～3 年的轮作期。

9.2.2 品种

芋的品种类型十分丰富，依栽培类型分为水芋、旱芋和水旱兼用芋。依食用部位不同可分为叶用芋（如武隆叶菜芋）和茎用芋。茎用芋又可分为魁芋、多子芋和多头芋等。现将部分品种介绍如下：

（1）乌脚香　成都地方品种，属多子芋，作旱芋栽培。植株较高分蘖强。耐肥、耐旱、耐涝。子芋白色，椭圆形，质细而面。早熟，在 2 月中下旬播种，3 月下旬至 4 月上旬定植，8 月下旬收获。单株产量 1.5～2kg。

（2）绿秆芋　重庆地方品种，多子芋，作水芋栽培。耐肥耐涝，不耐旱，抗病力强。子芋卵圆形，外皮黑褐色，质地细软黏滑，品质好。晚熟，生长期在 3 月中旬播种，4 月上旬定植，10 月上旬收获。单株产量约 1.5kg。

（3）广西荔浦芋　魁芋类型，植株高大，分蘖强。球茎大而多，母芋圆筒形，中间略大，子芋、孙芋多，较细长。鳞片深褐色，皮略黄。肉色灰白，带紫红色花纹，质地较面，有特殊香味。晚熟，生长期 8～9 个月。在生长中后期田块需积水。近年重庆已引种栽培成功。

9.2.3 栽培技术

（1）土壤选择及整地施肥　芋的栽培应选择土层深厚、富含有机质、保水保肥力强的壤土或黏壤土，以避风、潮湿、荫蔽的水田或低洼地为佳。深翻土壤，并耕平耙细。旱芋要求深沟高厢，不宜平畦栽培。结合整地重施底肥，旱芋亩施拌有草木灰过磷酸钙的堆沤肥 2000kg 以上，水芋除可用堆沤肥、淤泥外，还可在栽植前半个月每亩下青草菜叶 2000～2500kg 作底肥。

（2）种芋的选择及育苗移栽　在无病田中选着生在母芋中部、顶芽充实、粗壮饱满、形态完整、重 50g 左右的子芋作种芋。其余形态，如着生于母芋基部的长柄子芋，以及球茎顶端无鳞毛片（俗称"白头"），或顶芽已长出叶片（"露青"）的子芋均不宜作种。

播种前应先将种芋晒 2～3d，促进发芽，然后用温床或用薄膜覆盖作冷床催芽育苗。苗床保持 20～25℃的温度，床土稍浅，湿润即可，盖土不宜过厚。待芽长 3～5cm 时除去覆盖物见光 2～3d，苗高 15～18cm 时即可定植。

芋宜深栽，栽植深度在 17cm 以上，并适当密植。一般采用宽行窄株距栽植，行距 80cm、株距 30cm 左右。亩栽 3000～5000 株。水芋定植以水不淹没幼苗为宜。

（3）田间管理 芋生长期长，生物产量高，需大肥大水。栽植期间应结合中耕培土，多次追肥。

旱芋在幼苗第一片叶展开后应及时进行第一次中耕培土施肥，随着植株生长发育及进入生长盛期，还可进行 2～3 次施肥培土，至最后培土成垄时重施追肥和钾肥。栽培期间前期稍干，应勤浇水，维持土壤湿润促根生长；中后期厢沟应保持一定积水；高温季节浇灌宜在早晚进行。

水芋在移栽成活后，应将田水放干，晒田至田土开始发生细裂，以促进根系生长，然后再浇浅水。到 7、8 月，水深灌至 10cm 左右；处暑后浅水，白露后放水采收。在 5～7 月间酌施追肥 2～3 次，以促植株生长，大暑时重施一次追肥，促进球茎膨大。

芋在主芽萌发后，有时会萌发侧芽，多余的侧芽消耗养分，应尽早摘除。多子芋的子芋顶芽易萌发出土成侧枝，应将其折倒，压入泥中。多头芋不必摘除侧芽。

（4）采收 芋叶枯黄，球茎成熟，提前延后采收均可。种芋须在充分成熟后采收。采收前几天割去地上部，伤口愈合后采收，也可在田间露地越冬留种。

9.2.4 病虫害防治

（1）芋疫病 病源菌为芋疫霉菌，由种芋带菌，借风雨传播。主要侵染叶和球茎。植株感病后，叶面有不规则形轮纹斑，湿度大时斑上有白色粉状物，重时叶柄腐烂倒秆、叶片全萎；地下球茎部分组织变褐乃至腐烂。底洼积水，过度密植，偏施氮肥发病重。防治方法：①选用抗病品种，在无病地块留种。②实行水旱轮作。旱芋采用高畦栽培，注意清沟排渍。及时铲除田间零星芋苗，烧毁病残物。③施足底肥，增施磷钾肥。④可用90％三乙膦酸铝可湿性粉剂400倍液，或72.2％普力克水剂600～800倍液，或70％乙膦·锰锌可湿性粉剂500倍液喷雾。

（2）芋软腐病　病源菌为胡萝卜软腐欧文氏菌。由种芋或其他寄主植物病残体带菌越冬，栽植后通过水从伤口侵入。其主要为害植株叶柄基部和球茎。叶柄基部感病，初生暗绿色水浸状病斑，内部组织逐渐变褐腐烂，叶片变黄。球茎染病后逐渐腐烂。发病重时病部迅速软化腐败终致全株枯萎倒伏，并散发出恶臭。在高温条件下容易发病。防治方法：①选用抗病品种，合理轮作。②加强田间管理，施用腐熟有机肥，及时排水晒田。③药剂防治。用1∶1∶100波尔多液亩施75～100kg，或用72％硫酸链霉素可溶性粉剂3000倍液，或30％氧氯化铜悬浮剂600倍液喷洒。

（3）芋单线天蛾　主要以幼虫食叶，咬成缺刻或穿孔，严重时仅剩叶脉。成熟幼虫为草绿色和灰褐色。以蛹在杂草丛中越冬。重庆7～8月发生较多。防治方法：①用人工捕捉幼虫或灯光、糖浆诱杀成虫。②药剂防治。用5％卡死克悬浮剂4000倍液，或5％抑太保1500～2000倍液喷洒。

第10节　芽苗类蔬菜

1　范围

本标准规定了绿色食品芽苗类蔬菜的术语和定义、要求、试验方法、检验规则、标志和标签、包装、贮藏运输。

本标准适用于绿色食品芽苗类蔬菜，常见芽苗类蔬菜品种参见附录A。

2 要求

2.1 环境

产地环境条件应符合 NY/T 391 的要求。

2.2 生产过程

NY/T 1325-2007

农药使用应符合 NY/T 393 的要求。

2.3 感官

应符合表 3-17 的规定。

表 3-17 感官要求

项目	要求
品种	同一品种 品质特征、成熟度、根形、清洁、腐烂、畸形、分叉、冻害、病虫害及机械伤等外观特征，用目测法鉴定；异味用嗅的方法鉴定；糠心、黑心、病虫害症状不明显而有怀疑者，应用刀剖开检测
组织形态	具有该品种固有的形状、色泽正常、鲜嫩、清洁，无腐烂、冷冻害损伤、病虫害、肉眼可见杂质
气味	无异味
机械伤	以质量或数量计，机械伤缺陷不超过 5%

2.4 净含量

应符合国家质量监督检验检疫总局令 2005 年第 75 号的规定。

2.5 卫生指标

应符合表 3-18 的规定。

表 3-18 卫生指标　　　　　　单位：mg/kg

项目	指标
无机砷（以 As 计）	≤0.05
铅（以 Pb 计）	≤0.1
总汞（以 Hg 计）	≤0.01
镉（以 Cd 计）	≤0.05

续表

项目	指标
氟（以 F 计）	$\leqslant 1.0$
多菌灵	$\leqslant 0.1$
百菌清	$\leqslant 1$
2,4-滴	$\leqslant 0.01$
亚硫酸盐（以 SO_2 计） 豆芽	$\leqslant 15$
亚硫酸盐（以 $NaNO_2$ 计）	$\leqslant 4$

3 试验方法

3.1 感官

按 GB 8855 的规定，随机抽取样品。品种、组织形态、机械伤用目测法检测；异味用嗅的方法检测。

3.2 卫生指标

3.2.1 无机砷

按 GB/T 5009.11 规定执行。

3.2.2 铅

按 GB/T 5009.12 规定执行。

3.2.3 镉

按 GB/T 5009.15 规定执行。

3.2.4 总汞

按 GB/T 5009.17 规定执行。

3.2.5 氟

按 GB/T 5009.11 规定执行。
按 GB/T 5009.18 规定执行。

3.2.6 亚硫酸盐

按 GB/T 5009.34 规定执行。

3.2.7 百菌清

按 GB/T 5009.105 规定执行。

3.2.8　2,4-滴

　　按 GB/T 5009.175 规定执行。

3.2.9　多菌灵

　　按 GB/T 5009.188 规定执行。

3.2.10　亚硝酸盐

　　按 GB/T 15401 规定执行。

4　检验规则

　　按 NY/Y 1055 的规定执行。

5　标志和标签

5.1　标志

　　包装上应有绿色食品标志。标志的设计、使用应符合中国绿色食品发展中心的规定。

5.2　标签

　　按 GB 7718 的规定执行。

6　包装、运输和储存

6.1　包装

　　按 NY/T 658 规定执行。

6.2　贮藏运输

　　按 NY/T 1056 规定执行。

第 11 节　食 用 菌

1　范围

　　本标准规定了绿色食品食用菌的术语和定义、要求、检验规则、标志和标签、包装、运输和储存。

　　本标准适用于人工栽培和野生的绿色食品食用菌的鲜品、干品（包括压缩食用菌、颗粒食用菌）和菌粉，以及人工培养的食用菌菌丝体及其菌丝粉，包括香菇、金针菇、平菇、茶树菇、竹荪、草菇、双孢蘑菇、猴头菇、白灵菇、灰树花、鸡腿菇、杏鲍菇、黑木耳、银耳、金耳、毛木耳、羊肚菌、榛蘑、口蘑、松茸、鸡油菌、虫草、灵芝等食用菌。不适用于食用菌罐头、盐（油、酱、糖、醋）渍食用菌、水煮食用菌、油炸食用菌和食用菌熟食制品。

2 术语和定义

2.1 食用菌鲜品

野生或人工栽培，经过挑选或预冷、冷冻和包装的新鲜食用菌产品。

2.2 食用菌干品

以食用菌鲜品或菌丝体为原料，经热风干燥、冷冻干燥等工艺加工而成的食用菌脱水产品，以及再经压缩成型、切片等工艺加工的食用菌产品。

注：食用菌干品包括银耳、香菇丁、黑木耳块、美味牛肝菌干片等。

2.3 食用菌粉

以食用菌干品（包括菌丝体）为原料，经研磨、粉碎等工艺加工而成的分装食用菌产品。

2.4 杂质

除标称食用菌以外的一切有机物（包括杂菌）和无机物。

3 要求

3.1 产地环境及生产过程

食用菌人工栽培或野生食用菌的产地环境应符合 NY/T 391 的要求，食用菌人工栽培基质应符合 NY/T 1935 的要求，农药使用应符合 NY/T 393 的要求，食品添加剂应符合 NY/T 392 的要求，加工过程应符合 GB 14881 的要求。不应使用转基因食用菌品种。

3.2 感官要求

3.2.1 黑木耳

应符合 GB/T 6192-2008 表 1 中二级及以上等级的规定。

3.2.2 松茸

应符合 GB/T 23188-2008 表 1 中三级、表 3 中二级及以上等级的规定。

3.2.3 平菇

应符合 GB/T 23189-2008 表 1 中二级及以上等级的规定。

3.2.4 双孢蘑菇

应符合 GB/T 23190-2008 表 1 中二级及以上等级的规定。

3.2.5 美味牛肝菌

应符合 GB/T 23191-2008 表 1、表 2 中二级及以上等级的规定。

3.3 感官

应符合表 3-19 的规定。

表 3-19 感官要求

项目	要求
品种	同一品种 品质特征、成熟度、根形、清洁、腐烂、畸形、分叉、冻害、病虫害及机械伤等外观特征，用目测法鉴定；异味用嗅的方法鉴定；糠心、黑心、病虫害症状不明显而有怀疑者，应用刀剖开检测
组织形态	具有该品种固有的形状、色泽正常，鲜嫩、清洁，无腐烂、冷冻害损伤、病虫害、肉眼可见杂质
气味	无异味
机械伤	以质量或数量计，机械伤缺陷不超过 5%

3.4 净含量

应符合国家质量监督检验检疫总局令 2005 年第 75 号的规定。

3.5 卫生指标

应符合表 3-20 的规定。

表 3-20　卫生指标　　　　单位：mg/kg

项目	指标
无机砷（以 As 计）	≤0.05
铅（以 Pb 计）	≤0.1
总汞（以 Hg 计）	≤0.01
镉（以 Cd 计）	≤0.05
氟（以 F 计）	≤1.0
多菌灵	≤0.1
百菌清	≤1
2,4-滴	≤0.01
亚硫酸盐（以 SO_2 计）豆芽	≤15
亚硫酸盐（以 $NaNO_2$ 计）	≤4

4　试验方法

4.1　感官

按 GB 8855 的规定，随机抽取样品。品种、组织形态、机械伤用目测法检测；异味用嗅的方法检测。

4.2　卫生指标

4.2.1　无机砷

按 GB/T 5009.11 规定执行。

4.2.2　铅

按 GB/T 5009.12 规定执行。

4.2.3　镉

按 GB/T 5009.15 规定执行。

4.2.4　总汞

按 GB/T 5009.17 规定执行。

4.2.5　氟

按 GB/T 5009.11 规定执行。

按 GB/T 5009.18 规定执行。

4.2.6　亚硫酸盐

按 GB/T 5009.34 规定执行。

4.2.7　百菌清

按 GB/T 5009.105 规定执行。

4.2.8　2,4-滴

按 GB/T 5009.175 规定执行。

4.2.9　多菌灵

按 GB/T 5009.188 规定执行。

4.2.10　亚硝酸盐

按 GB/T 15401 规定执行。

5　检验规则

按 NY/Y 1055 的规定执行。

6　标志和标签

6.1　标志

包装上应有绿色食品标志。标志的设计、使用应符合中国绿色食品发展中心的规定。

6.2　标签

按 GB 7718 的规定执行。

7　包装、运输和储存

7.1　包装

按 NY/T 658 规定执行。

7.2　贮藏运输

按 NY/T 1056 规定执行。

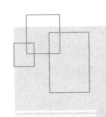

第4章

绿色食品 代表性蔬菜
生产操作规程

第1节 露地大白菜生产操作规程

1 范围

本规程规定了北方地区绿色食品露地大白菜的产地环境、品种选择、直播与育苗、定植、田间管理、采收、生产废弃物的处理、贮藏和生产档案。

本规程适用于北京、天津、河北、山西、内蒙古、辽宁、吉林、黑龙江、山东、河南、陕西、甘肃和宁夏的绿色食品露地大白菜生产。

2 规范性引用文件

下列文件对于本文件的应用是必不可少的。凡是注日期的引用文件，仅注日期的版本适用于本文件。凡是不注日期的引用文件，其最新版本（包括所有的修改单）适用于本文件。

GB 2762　食品安全国家标准食品中污染物限量

GB 2763　　食品安全国家标准食品中农药最大残留限量

GB 16715.2　瓜菜作物种子第2部分：白菜类

GB/T 8321 农药合理使用准则

NY/T 943 大白菜等级规格

NY/T 2868 大白菜贮运技术规范

NY/T 654 绿色食品白菜类蔬菜

NY/T 391 绿色食品产地环境质量

NY/T 393 绿色食品农药使用准则

NY/T 394 绿色食品肥料使用准则

NY/T 658　绿色食品包装通用准则

NY/T 1056 绿色食品贮藏运输准则

SB/T 10158 新鲜蔬菜包装与标识

SB/T 10332 大白菜

SB/T 10879 大白菜流通规范

3 产地环境

生产基地环境应符合 NY/T 391 的规定，生产区域地势平坦，土壤为耕层深厚、土质疏松肥沃的沙壤土、壤土或轻黏壤土，排灌方便、通风良好，pH 值在 6.5～7.5，前两茬未种植十字花科作物的地块。

4 栽培季节

4.1　春播大白菜：3月播种，5月中下旬采收。

4.2　夏播大白菜：6月下旬播种，8月中下旬采收。

4.3　秋播早熟大白菜：7月下旬播种，10月上旬采收。

4.4　秋播晚熟大白菜：8月上旬播种，立冬前采收。

5 品种选择

5.1 选择原则

严禁使用转基因白菜种子。选用抗病，优质丰产，抗逆性好，适应性强，商品性好的中、早、晚熟配套品种。要根据种植季节不同，选择适宜种植的品种。

5.2 品种选用

春播选择晚抽薹的一代杂种，如春抗 50、京春王、包尖白菜等；夏播选择耐热的一代杂种，如夏凯 50、中白 60、津夏 2 号等；秋季早熟栽培选择中白 65、京翠 55 号、津绿 55 等；秋季晚熟栽培选择耐贮的一代杂种，如北京新 4 号、中白 4 号、津青 9 号、孙家弯新 5 号、海城新 5 号等。

6 直播与育苗

6.1 播种时间

不同区域应根据当地气候特点及栽培季节，确定适宜播种期。

6.2 种子处理

6.2.1 种子质量

种子质量应符合 GB16715.2 的规定。

6.2.2 种子处理

先将种子晾晒 2～3h，然后用 50～55℃温水浸种 20min，不停搅拌至水温 30℃后，再用清水浸种 2～3h，略加搓洗后捞出待播。

6.3 播种量

直播用种量 200～250g/亩。育苗苗床用种量 300～400g/亩。精量穴播用种量 30～40g/亩。

6.4 直播

6.4.1 整地

早耕多翻，打碎耙平，施足基肥。耕层的深度在 15～20cm。北方地区多采用平畦栽培、亦有些地区采用高畦、垄栽，多雨地区注意深沟排水。土壤盐碱严重或沙性土地区采用平畦，凡土壤条件较好地区采用高垄，高垄的垄距 56～60cm，垄高 13～19cm。

6.4.2　夏、秋播可直播（点播、条播或断条播）

点播：按一定的行株距开穴点籽，穴深 0.5cm 左右，播入种子 3～5 粒，播后覆土 1cm 左右并镇压，用种量 80g/亩。

条播：顺垄或顺畦划浅沟，沟深 0.6～1.0cm，沟内撒籽，播后盖细潮土并镇压，用种量 200～250g/亩。

断条播：按确定的株距顺行划 5～10cm 短沟，沟深 0.5cm 左右，沟内撒籽，播后覆土并镇压，用种量 100～150g/亩。

6.5　育苗

6.5.1　育苗地的选择

要选择地势较高、排灌良好又肥沃，而且没种过十字花科蔬菜的地块。耕翻后做成平畦，畦宽 1～1.5m、长 7～8m，畦内撒入腐熟的优质圈粪或混合粪 15kg，掺入硫酸钾及过磷酸钙各 0.5kg，用四齿将畦土翻刨两遍，土肥混匀，然后用平耙耧成漫跑水畦。为了降温防雨，畦面最好搭荫棚。

6.5.2　育苗

春播可利用营养钵、营养土方育苗或穴盘育苗，营养土可采用草炭和田间土等量混合，或由腐熟粪和田间土按 3∶7 比例混合而成。先浇透水，待水完全下渗后播种，每钵播种 3～5 粒，播后盖细潮土，盖土厚度 0.5cm。

育苗畦采用撒播方式，将种子均匀撒在畦面上，然后覆土镇压，出苗后立即间苗，以防止拥挤徒长。第一次间苗在子叶长足时，第二次间苗在具 2～3 片真叶时，按每 6～7cm 见方留苗 1 株，以便移栽时切坨。育苗播种时间，应比直播早 3～4d。

7　定植

7.1　移栽定植

移栽苗，刨坑略大于坨体。移栽幼苗不宜过大，最大不应超过 8 片叶。根据移栽的早晚，分为小苗移栽和大苗移栽两种方式。

小苗移栽即在幼苗出土后不进行间苗，当具 2～3 片真叶时，3～4 株为一丛进行移栽。移栽起苗时挖小土坨，按预定的株距移栽到生产田里，移栽深度应与原来的土坨相平，边移栽边点水，栽完一块地后立即浇水，以保证成活。成活后间去多余的苗，以后管理方法和直播大白菜相同。

大苗移栽是在大白菜具 5～6 片叶时进行单株移栽，移栽前一天应先在育苗畦内浇水，第二天起苗，挖苗时要带 6～7cm 见方的土坨，以减少根部损伤。定植时先用花铲在定植畦内按规定株距挖穴，把幼苗栽在穴内，随即覆土封穴，栽后立即浇水，隔天再浇一水，以利缓苗，待土壤适耕时及时中耕松土，缓苗后的管理方法同直播大白菜。

7.2 种植密度

春播行株距 50cm×35cm 左右；夏播行株距 50cm×40cm 左右；早熟品种行株距 50cm×40cm 左右，中熟品种行株距 55cm×40cm 左右，晚熟品种行株距 60cm×50cm 左右。生产上亦可根据品种特性确定栽培方式和密度。

定植时运苗、栽苗、浇水、覆土要细致，栽苗后灌 1 次透水，以不淹苗为宜。直播要早间苗、多次间苗、适当晚定苗。一般在幼苗 2 片真叶时进行间苗，当幼苗长到 4～6 片真叶时进行定苗。淘汰劣苗，缺苗应及时补栽。

8 田间管理

8.1 灌溉

灌溉水应符合 NY/T391 的要求。

播种或定植后应及时灌水，保证苗齐苗壮。定苗、定植或补栽后灌水，促进缓苗。莲座初期灌水促进发棵；包心初期结合追肥灌水，后期应适当控水促进包心，收获前 10d 停止灌水。

8.1.1 秋冬季种植

定植后及时浇水，保持土壤湿度 70%～80% 为宜。要及时中耕。结合浇水追施尿素 15～20kg/亩两次。

8.1.2 早春种植

定植后浇定根水，及时中耕。10d 和 15d 后结合两次浇水追施尿素 15～20kg/亩。生长期 3～5d 浇水一次。生长期温度要保持在 10～20℃。

8.1.3 夏季定植

夏季定植一般是大田直播，水肥管理同上。播后 25～50d 内拔大株，留小株，陆续收货。最终按 20cm 的株距留苗。

8.2 施肥

肥料的选择应符合 NY/T 394 的要求。

基肥选用腐熟的有机肥和复合肥，根据地力情况施足基肥。建议中等肥力地块每亩施充分腐熟有机农肥 5000kg 左右，尿素 8.7kg、过磷酸钙 50kg、硫酸钾 12kg。翻耕细耙、肥土混匀，并开沟作畦。

追肥以速效肥为主。早熟品种（包括春、夏播品种）一般追肥 2 次，分别在莲座期和结球始期，每次随水追施尿素 10～15kg/亩。中、晚熟品种一般追肥 3 次，分别在定苗后、莲座期、结球前期，根据需肥规律，每次追施尿素 15～30kg/亩。收获前 20d 内不应使用速效氮肥。

8.3 病虫害防治

8.3.1 防治原则

应坚持"预防为主，综合防治"的原则，推广绿色防控技术，优先采用农业防治、物理防治和生物防治措施，配合使用化学防治措施。

8.3.2 常见病虫害

苗期主要病虫害：根肿病、黑腐病、蜗牛、蚜虫等。

生长期主要病虫害：霜霉病、软腐病、白斑病、黑斑病、菜青虫、蚜虫等。

8.3.3 防治措施

8.3.3.1 农业防治

选用无病种子及抗病优良品种；培育无病虫害壮苗；合理布局，实行轮作倒茬；注意灌水、排水，防止土壤干旱和积水；清洁田园、加强除草降低病虫源数量。

8.3.3.2 物理防治

采用黄板诱杀蚜虫、粉虱等；覆盖银灰色地膜驱避蚜虫；防虫网阻断害虫；频振式诱虫灯诱杀成虫。每亩宜悬挂粘虫板 50 个（黄板 30 个、蓝板 20 个），粘虫板应高出植株 10cm；频振式诱虫灯每 15 亩悬挂 1 个为宜。

8.3.3.3 生物防治

保护天敌。创造有利于天敌生存的环境条件，选择对天敌杀伤力低的农药；释放天敌，如扑食螨、寄生蜂等。保护与利用瓢虫、草蛉、食蚜蝇等防治蚜虫，菜青虫等可用赤眼蜂等天敌防治，用食螨小黑瓢虫防治叶螨等。选用植物源农药等生物农药防治，如利用昆虫性信息素诱杀害虫等，防治方法参见附录 A。

8.3.3.4 化学防治

农药的使用应符合 NY/T 393 的规定。常见病虫害化学防治方法参见附录 A。

8.4 中耕除草

一般进行 3 次中耕，趟垄 3～4 次。第 1 次中耕主要是除草，只用锄头在幼苗周围轻轻刮破土皮即可，不必用力深锄；第 2 次中耕在距幼苗 10cm 范围内仍然轻刮地面，远处可以略深，其深度以 3cm 左右为宜；第 3 次中耕是在追一次肥和浇一次定苗水后，这次中耕要深浅结合，将有苗垄背进行浅锄，将行间的垄沟部分深锄 10cm 左右，中耕后要结合培垄。

9 采收

采收应选择晴天进行。秋大白菜，早熟品种在国庆节前后收获完毕。中晚熟品种尽量延长生长期促进高产，但必须在第一次霜冻前抢收完毕。

9.1 采收适期及方法

9.1.1 大白菜成熟度达到 SB/T 10879 的规定，宜采收。

9.1.2 采收前 10d，菜园停止灌水。气温低于 -1℃ 时，可延迟 5～10d 采收。

9.1.3 冷藏库贮藏的大白菜，采收宜用刀砍除菜根，削平茎基部。通风窖贮藏的大白菜，采收宜整株拔起，保留主根。

9.1.4 大白菜采收、运输和入贮过程，应轻拿轻放，减少机械伤。

9.1.5 污染物限量应符合 GB2762 有关规定，农业最大残留限量应符合 GB 2763 有关规定。

9.2 采后处理

大白菜采收后要求清洁、无杂物，外观新鲜、色泽正常、不抽薹，无黄叶、烧心、破叶、冻害和腐烂，茎基部削平、叶片附着牢固，无异味，无虫及病虫害造成的损伤。

在符合以上基本前提下，大白菜按外观分为特级、一级和二级。按其单株质量分为大（L）、中（M）、小（S）三个规格。各等级、规格划分应符合 NY/T 943 的要求。

10 生产废弃物的处理

采收后应及时清洁田园，将切除的根部、老叶、黄叶、感病植株等残枝败叶清理干净，全部拉到指定的地点处理。采收后清理的地膜、杂草、农药包装盒等杂物也要拉到指定地点处理。

11 贮藏

采收后，分品种拉运入库存放，参照 NY/T 658、NY/T 1056 和 SB/T 10158 的规定进行包装、储存与运输。

11.1 质量

用于贮藏的大白菜，质量应达到 SB/T 10332 的要求。贮藏时应按品种、规格分别储存。运输应符合 NY/T 1056 、NY/T 2868 的规定。

11.2 贮藏温度及湿度

冷藏库贮藏时，适宜温度为 0～1℃，湿度为 85%～90%，库内堆码应保证气流均匀流通；窖藏时，注意窖内换气，根据气温变化，入贮初期，注意通风散热，勤倒菜垛，防止脱帮，中期须保温防冻，减少倒垛次数，末期夜间通风降温，防止腐烂。另白菜不应与易产生乙烯的果实（如苹果、梨、桃、番茄等）混存。

11.3 贮藏期限

冷藏库贮藏期限，一般为 5～6 个月。通风窖贮藏期限，一般为 3～4 个月。

12 生产档案

生产者需建立生产档案，记录品种、施肥、病虫草害防治、采收以及田间操作管理措施；所有记录应真实、准确、规范，并具有可追溯性；生产档案应有专人专柜保管，至少保存 3 年。

附录 A（资料性附录）

北方地区绿色食品大白菜主要病虫害化学防治方法见附表 A.1。

附表 A.1　北方地区绿色食品大白菜主要病虫害化学防治方法

防治对象	防治时期	农药名称	使用剂量	施药方法	安全间隔期天数/d
根肿病	移栽前	50%氟啶胺悬浮剂	267～333g/亩	土壤喷雾	收获期
软腐病	发病初期	2%氨基寡糖素水剂	187.5～250mL/亩	喷雾	—
白斑病	发病初期	70%乙铝·锰锌可湿性粉剂	130～400g/亩	喷雾	30
霜霉病					
黑斑病	病斑初见期	4%嘧啶核苷类抗生素水剂	400倍液	喷雾	
	发病初期	430克/升戊唑醇悬浮剂	15～18mL/亩	喷雾	14
黑腐病	发病初期	6%春雷霉素可湿性粉剂	25～40g/亩	喷雾	21
蚜虫	蚜虫始发期	1%苦参碱可溶液剂	50～120mL/亩	喷雾	—
	蚜虫始发期	15%啶虫脒乳油	6.7～13.3mL/亩	喷雾	14
菜青虫	菜青虫2～3龄前	4.5%高效氯氰菊酯水乳剂	45～56mL/亩	喷雾	21

续表

防治对象	防治时期	农药名称	使用剂量	施药方法	安全间隔期天数/d
蜗牛	种子发芽时	6%四聚乙醛颗粒剂	500～600g/亩	拌土撒施	7

注：农药使用以最新版本 NY/393 的规定为准。

第2节　露地小白菜生产操作规程

1　范围

本规程规定了华东及华中地区绿色食品露地小白菜生产的产地环境、品种选择、整地、播种、田间管理、采收、生产废弃物的处理、储藏运输及生产档案管理。

本规程适用于山东、安徽、江苏、上海、浙江、福建、江西、湖北、湖南的绿色食品小白菜（青梗菜、上海青、散叶白菜、油菜和不结球白菜等）的生产。

2　规范性引用文件

下列文件对于本文件的应用是必不可少的。凡是注日期的引用文件，仅注日期的版本适用于本文件。凡是不注日期的引用文件，其最新版本（包括所有的修改单）适用于本文件。

GB/T 16715.2 瓜菜作物种子白菜类

NY/T 391 绿色食品产地环境质量

NY/T 393 绿色食品农药使用准则

NY/T 394 绿色食品肥料使用准则

NY/T 654 绿色食品白菜类蔬菜

NY/T 658 绿色食品包装通用准则

NY/T 1056 绿色食品储藏运输准则

3 产地环境

产地环境应符合 NY/T 391 的规定。应选择生态环境优良区域，在绿色食品和常规生产区域之间设置有效的缓冲带或物理屏障。宜选用地势高、排灌方便、地下水位较低、土层深厚、保水保肥的壤土或黏壤土栽培。

4 品种选择

4.1 选择原则

根据不同的播种季节选择抗病、优质、高产、商品性好且符合目标市场消费习惯的品种。

4.2 品种选择

春季栽培，宜选用耐寒、耐抽薹的品种，如"春秀"和"春月"等；夏季栽培以幼苗或嫩株上市，宜选用耐热耐湿品种，如"夏绿妃"和"青伏令"等；秋季栽培，宜选用优质、束腰性好的品种，如"华阳白"和"东方56"等；冬季栽培，宜选耐寒品种，如"苏州青"等品种。

5 种子处理

种子质量应符合 GB/T 16715.2 的要求。种子纯度不低于99%，净度不低于98%，发芽率不低于85%，水分不高于7%。

播种前 50～55℃温汤浸种 15min，然后转移至室温清水中浸种 3～4h，沥干水分，用湿纱布等包裹，20～25℃催芽 24h，待75%左右种子露白时即可播种；或直接播种。

6 整地、播种

6.1 整地施肥作畦

可选用种植葱蒜类、茄果类、瓜类、豆类及玉米等前茬没有种过十字花科蔬菜的地块。前茬作物收获后，及时深耕 20～25 cm，晒垡或冻垡。

结合整地，每亩施入经无害化处理的农家有机肥 3000kg、氮磷钾三元复合肥（15-15-15）20～30kg。农家有机肥使用不足的，每茬每亩应施石灰 20kg 和 100kg 商品有机肥料。肥料使用按 NY/T 394 的规定执行。地块肥土混匀，耙细整平，做成宽 1.8m（连沟）、高 18～20cm 和沟宽 30cm，长、宽整齐的高畦。夏秋露地栽培采用小高畦，做好"三沟"（畦沟、腰沟和田边沟）配套。

6.2 播种期

春季栽培：11 月～翌年 3 月；

夏季栽培：4 月～8 月；

秋冬栽培：9 月～10 月。

6.3 播种量

直播每亩用种量为 400～600g；露地小白菜除秋冬栽培外，一般采用直播。育苗移栽每亩播种量 150～200g，苗床与大田的比例夏秋高温干旱季节是 1：3～1：4，秋冬季节为 1：8～1：10。

6.4 播种方法

6.4.1 直播

条播行距按 15cm 播种；穴播（15～20)cm×(15～20)cm 播种。

6.4.2 育苗

可用 72 穴、105 穴的穴盘育苗。播种前清理育苗棚内外植物残株、病叶和杂草。播种时基质的湿度要适宜，基质的紧实程度，以装盘后左右摇晃至基质不下陷为宜；播种深度 1cm 左右，每穴播 2～3 粒种子；待子叶长出后及时间苗，留取 1 株健壮幼苗。出苗过程中应保证水分充足。

高温季节育苗，待子叶出土后揭去遮阳网，覆盖防虫网；冬、春季可在大棚中多层覆盖育苗，保持棚内白天气温 18～25℃，夜间气温 10℃以上。

7 移栽

一般苗龄为 25～30d，晚秋或冬春播的苗龄需 40～50d（露地小白菜幼苗三叶一心期）。夏季定植宜选择阴天或晴天傍晚进行，冬季选择晴天上午定植。8 月上旬定植，密度 20cm×20cm，每亩约 1.3 万株；9 月～10 月上旬定植，密度 25cm×25cm，每亩约 0.8 万株。边起苗，边定植，边浇水，定植深度 2～3 cm。

8 田间管理

8.1 水肥一体化管理

根据露地小白菜的需水需肥规律，采用滴灌设施实现水肥一体化管理。播种后、定植或补栽后及时灌水。夏季在出苗前每天早晚灌一次水，直播苗在植株覆盖畦面时灌水追肥，移栽苗在定植 3～4d 后开始灌水追肥。结合灌水每隔 5～7d 追施速效氮肥一次，整个生长期追肥 2～4 次，由淡到浓，每亩追施尿素总量 15～20kg。低温季节灌水安排在中午前后，整个生长期要求灌水，见干见湿。每次水均匀，土壤湿度应保持 70%～80%。采收前 10～15d 不得施用速效氮肥。

8.2 间苗定苗补苗

直播栽培在 1～2 片真叶时第 1 次间苗，除去弱苗、病苗和过密苗，保持苗距 3～4cm；3～4 片真叶时进行第 2 次间苗，保持苗距 6～10cm；5～6 片真叶时进行定苗，株距为 15～20cm。结合间苗、定苗，可采小苗上市，同时拔除杂草。采用育苗移栽栽培，如有缺苗、死苗发生，及时补苗。

8.3 病虫害防治

8.3.1 防治原则

预防为主，综合防治，优先采用农业防治、物理防治和生物防治，科学合理地应用化学防治。

8.3.2 常见病虫害

常见病害有霜霉病和根肿病等。常见虫害有蚜虫、菜青虫、小菜蛾、斜纹夜蛾、甜菜夜蛾和黄条跳甲等。

8.3.3 防治措施

8.3.3.1 农业防治

合理轮作，选用高抗多抗品种，播种前进行种子消毒。创造适宜的生长环境，培育壮苗。增加施用无害化处理的农家有机肥，减少化肥用量。清洁田园，及时清除老叶、黄叶、病虫叶，集中销毁。雨后及时排水。

8.3.3.2 物理防治

土壤冻垡晒垡，阳光晒种，银膜驱蚜，每20～25亩布置一盏频振式杀虫灯诱杀，也可采用人工捕杀等物理措施防治害虫。

8.3.3.3 生物防治

利用保护天敌，如用瓢虫防治蚜虫，使用性诱剂、菜粉蝶颗粒体病毒和多抗霉素等生物源农药防治害虫。

8.3.3.4 化学防治

农药使用应符合NY/T 393的规定，应根据有害生物的发生特点、危害程度和农药特性，在主要防治对象的防治适期，选择适当的施药方式。防治方法参见附录A。

9 采收

露地小白菜采收从2～3片真叶的幼苗至成株均可陆续采收。一般夏秋季露地栽培20～30d开始采收，早春和秋冬季栽培45～60d开始采收，春季应在抽薹前采收。收获时，切除根部，去除老叶和黄叶，剔除感病的植株，根据株型大小分级包装。

采收时间以早晨和傍晚为宜。

严格遵守农药安全间隔期要求采收。农药残留和感官品质应符合NY/T 654的规定。产品质量应符合NY/T 654的规定，同一品种，色泽正常、新鲜、清洁、植株完好，无异味，无焦边、凋萎叶、抽薹、冻害、病虫害及机械伤；包装应符合NY/T 658的要求，选用符合本标准规定的包装材料，并使用合理的包装形式来保证绿色食品的品质。

10 生产废弃物的处理

及时清理废旧农膜、遮阳网、防虫网、农药及肥料包装等，统一回收并交由专业公司处理。植株残体宜采用高温发酵堆沤或其他有效措施处理。

11 储藏运输

应按照 NY/T 1056 的规定执行。

收获后就地整理并进行预冷；冷藏时应按品种、规格分别储存；冷藏的适宜温度为 2～4℃，适宜湿度为 85％～90％；库内堆码应保证气流均匀通畅，避免挤压。

运输时应轻装轻卸，运输工具应清洁、干燥，有防风、防雨、防晒和防冻设施。严禁与有毒、有害、有腐蚀性和有异味的物品混运。

12 生产档案管理

应建立质量追溯体系，建立绿色食品露地小白菜生产的档案，详细记录产地环境条件、生产管理、病虫草害防治、采收及采后处理和废弃物处理等情况，并保存记录 3 年以上。

附录 A 华东及华中地区绿色食品露地小白菜生产主要病虫草害防治推荐农药使用方案（资料性附录）（附表 A.1）

附表 A.1 华东及华中地区绿色食品露地小白菜
生产主要病虫草害防治推荐农药使用方案

防治对象	防治时期	农药名称	使用量/亩	使用方法	安全间隔期/d
霜霉病	发病前或发病初期	25％吡唑醚菌酯乳油	30～50mL	喷雾	14
根肿病	发病前或发生初期	20％氰霜唑悬浮剂	80～100mL	药土法及喷淋	7
蚜虫	发生期	5％桉油精可溶液剂	70～100g	喷雾	7
		10％吡虫啉可湿性粉剂	10～20g	喷雾	14
	低龄若蚜发生初盛期	3％啶虫脒乳油	30～50mL	喷雾	7

续表

防治对象	防治时期	农药名称	使用量/亩	使用方法	安全间隔期/d
菜青虫	发生初期	10%溴氰虫酰胺可分散油悬浮剂	10～14mL	喷雾	3
斜纹夜蛾	发生初期	10%溴氰虫酰胺可分散油悬浮剂	10～14mL	喷雾	3
甜菜夜蛾	发生期	3%甲氨基阿维菌素苯甲酸盐微乳剂	5～9mL	喷雾	7
小菜蛾	低龄幼虫期	30%茚虫威水分散粒剂	5～9g	喷雾	3
黄条跳甲	发生初期 发生期	10%溴氰虫酰胺可分散油悬浮剂	24～28mL	喷雾	3

注：农药使用应符合 NY/T 393 最新版本的规定。

第 3 节　黄瓜生产操作规程

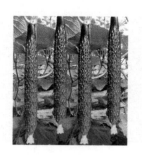

1　范围

本标准规定了华北地区绿色食品黄瓜栽培的产地条件、茬口安排、品种选择、育苗、定植、田间管理、病虫害防治及产品采收、包装、贮运。

2 要求

2.1 产地环境条件

绿色食品产地环境应符合第1章第1节中的规定。生产基地应选择在无污染和生态条件良好的地区。基地选点应远离工矿区和公路、铁路干线，避开工业和城市污染源的影响。

2.2 茬口安排及品种选择

2.2.1 茬口安排

黄瓜属于喜温、耐弱光蔬菜，从温度要求看，其生育期须安排在一定的季节，华北地区春、夏、秋三季均可露地栽培，若配合保护地栽培，如塑料薄膜拱棚栽培，春季比露地早定植30～50d，秋季收获期可延后30余天，再加上冬季日光温室生产，基本可达到周年供应的目的。具体栽培茬口见表4-1。本规程以春季早熟栽培为主。

表 4-1　黄瓜全年栽培茬次

栽培方式	播种期（月/旬）	定植期（月/旬）	收获期（月/旬）	育苗场所
温室秋冬茬	8/下～9/上	9/中下	10/上～2/上	遮阴育苗
温室越冬茬	10/中下	11/中下～12/上	1/中下～6/中下	温室育苗
温室冬春茬	12/中下	2/上中	3/上中～6/中下	温室育苗
塑料大棚春提前	1/中～2/上	3/下	4/中下～7/中	温室育苗
春季露地或地膜覆盖	3/中下	4/下	5/中～7/中下	塑料薄膜拱棚育苗
夏秋季露地	6/下～7/上	7/中～8/中	8/下～9/下	直播或遮阴育苗
塑料大棚秋延后	7/中～7/下	8/上～8/下	9/上～11/初	直播或遮阴育苗

2.2.2 品种选择

选择优质、高产、抗病一代杂种。温室栽培宜选择迷你、拉迪特、津春 3 号、津美 3 号、中农 5 号等。塑料薄膜拱棚栽培宜选择白玉天使、津优 10 号、中农 16 号等。露地栽培宜选择夏多星、津春 4 号、中农 8 号等。本地特产海阳白黄瓜温室和拱棚均可栽培。

2.3 黄瓜春季早熟栽培

2.3.1 育苗

（1）育苗场所 利用塑料薄膜拱棚、温室育苗。

（2）苗床准备 用营养土方育苗，或用塑料钵育苗。

营养土方配制：将非瓜类地块园田土和充分腐熟的有机肥过筛，按猪粪、鸡粪、园田土比例 1：1：3 配制，掺匀后铺在苗床内，厚度 10cm，耙平备用。

育苗容器的准备：用直径 10cm、高 10cm、底部有小孔的营养钵育苗，在钵内放入 7cm 高营养土，排放在苗床内备用。也可用穴盘（50 穴）育苗，穴盘内备好营养土。

（3）种子选择 选择籽粒饱满、纯度好、发芽率高、发芽势强的种子。

（4）浸种催芽

① 温汤浸种：用 55～60℃温水浸种，种子先用一份凉水浸泡，然后再倒入两份开水，并不停地搅拌，待水温降至 30℃停止搅拌，再浸泡 4h。

② 催芽：浸种后将种子搓洗干净，捞出并沥去水分，用干净的湿布包好，在 28～30℃下催芽，当 70％种子露白后播种。

（5）播种

① 营养土方育苗：播种宜选择晴天中午进行，播前苗床内要充分浇灌底水，水渗入土 10cm，按 7～10cm 见方点播，播后及时在种子上盖厚约 1.0～1.5cm 过筛的细土，全畦播完后再撒一层厚约 0.5cm 的细土。每 667m^2 约需要种子 125～150g。

② 容器育苗：营养钵或穴盘内充分浇水，水渗后撒一层过筛细潮土，然后将种子播于钵或盘内，每钵（穴）1 粒，上覆 1.5cm 厚细潮土，并整齐码放在育苗床内。

（6）苗期管理

① 温度管理：播后要在苗床上覆盖薄膜。发芽初期要求温度较高，苗出齐后应适当降温，苗床上的薄膜要逐渐拉大缝隙，直至撤除。随着气温升高，塑料薄膜拱棚、温室等育苗设施覆盖的薄膜和草苫，也要逐渐加大缝隙和延长拉苫时间，以锻炼幼苗的适应性，苗期温度管理见表4-2。

表 4-2　苗期温度管理

时期	白天		夜间	
	土温	气温	土温	气温
播种至出苗期	20～25℃	27～30℃	18～20℃	16～18℃
出齐苗至定植前5～7天	18～20℃	26～28℃	14～16℃	13～15℃
定植前5～7天至定植	16～18℃	25℃左右	13～15℃	8～10℃

② 水分管理：苗期不旱不浇，如旱可在晴天中午洒水，严禁浇大水，浇水后注意放风排湿。容器育苗要注意保持土壤湿度。

③ 光照调节：通过揭盖草苫调节光照时间，每天光照时间要达到8h以上。容器育苗可通过调换容器的位置，改善受光条件。

④ 养分调节：苗期一般不追肥，后期可用0.2%磷酸二氢钾溶液进行叶面喷施，促进幼苗苗壮生长。

⑤ 嫁接育苗：为防止黄瓜重茬造成土传病害的发生，增强根系抗低温能力，采用顶芽插接或靠接等方法嫁接育苗。以黑籽南瓜作砧木、黄瓜作接穗，嫁接后扣小拱棚遮阴，小拱棚内相对湿度为100%、白天温度30℃、夜间18～20℃，接后3天逐渐撤去遮阴物，7天后伤口愈合，不再遮阴。

通过以上措施，即可育出株高10～13cm、茎粗0.6～0.7cm、3～4叶1心、苗龄30～40天的健壮幼苗。

2.3.2　定植前准备

（1）整地　定植前清除前茬残留物，深翻晒土，晾晒1周。

（2）施基肥 每 667 m² 施优质腐熟有机肥 4000～5000kg、磷酸二铵 30kg、硫酸钾 20kg。有机肥撒施，化肥沟施。

（3）作畦 保护地栽培采用高畦或瓦垄畦，畦宽 1.3～1.5m、高 15cm，畦面覆盖地膜，定植两行。

（4）幼苗处理 定植前严格控制幼苗病虫害，必要时可喷洒百菌清可湿性粉剂防霜霉病、天然除虫菊素乳油防蚜虫。同时苗床要适度浇水并切坨、起苗、囤苗等。起苗时依点播 7～10cm³ 见方切坨，并码放在原苗畦内，四周用细土弥缝。容器育苗定植时直接搬动即可。

2.3.3 定植

（1）定植时间 在 10cm 地温稳定在 12℃ 以上时定植。定植前 10～15d 扣膜升温。

（2）定植密度 每 667m² 定植 3000～3500 株。

（3）定植深度 黄瓜应浅栽，土坨应与畦面取平或稍微露出。

2.3.4 田间管理

（1）采收前管理 黄瓜定植后由于气温较低，水分不易蒸发，浇水量宜小，待土壤稍干后即中耕，以提高土壤疏松度，增加地温，促进发根缓苗，根瓜采收前，视土壤状况浇水。定植初期，白天应掌握在 30～32℃、夜间 15～18℃。缓苗后，白天宜降至 25～28℃、夜间 13～15℃。定植后 10～15d，株高 25cm 左右时，开始插架或吊绳、绑蔓、打杈。

（2）采收至盛瓜期管理 根瓜采收后，气温白天 25～30℃，夜间 15～18℃，浇水应选择晴天上午，浇小水或滴灌，浇水后应注意放风排湿，每 7～10d 1 水。随水追施膨化鸡粪，每 667m² 追施 100kg，或复合肥 25kg，并增施 CO_2 气体肥料，使保护地内 CO_2 含量达 800～1000 厘米³/米³。

（3）后期管理 后期主要是促回头瓜和侧枝瓜，根据天气状况适当增加浇水次数，每 667m² 追施尿素 10～15kg，并打掉病、老叶，深埋或销毁。

2.4 病虫害防治

2.4.1 用药次数及用药时期说明

化学药剂在整个生长季节中的使用次数和最后一次使用距采收的时间（天），用圆括号注于各农药之后，如 75％百菌清可湿性粉剂每 667m^2 有效成分含量 108.75～208.25g（1，7），括号中的 1 表示整个生长季节中允许使用 1 次，最后一次使用时间距采收时间须在 7 天以上。

2.4.2 病害

黄瓜病害主要有霜霉病、白粉病、炭疽病、枯萎病、细菌性角斑病、疫病、灰霉病、根结线虫病等。

黄瓜霜霉病防治：①选用抗病品种，如津春 3 号、中农 7 号等。②采用地膜覆盖高垄栽培，采用滴灌、管灌或膜下暗灌的方式灌水。③注意通风、控湿，防止叶面结露，浇水应选晴天上午，阴天注意放风。④定植前喷药预防，在黄瓜出苗后二叶一心至结瓜前用高锰酸钾 600～800 倍液喷雾，5～7 天一次，连喷 4 次。⑤发病初期用 45％百菌清烟雾剂防治，每 667m^2 有效成分含量 50～80 克（1，5），于傍晚密闭烟熏；或用 86.2％氧化亚铜可湿性粉剂，使用剂量为每 667 m^2 每次 139～186g 制剂对水喷洒，或 72.2％霜霉威水剂每 667m^2 有效成分含量 43.3～72.2g（1，7）喷洒。

黄瓜白粉病防治：①选用抗病品种，如中农 7 号、津优 2 号等。②加强通风，浇水后或阴天注意放风排湿。③发病初期喷洒 15％三唑酮可湿性粉剂 1500 倍液（1，7），或 50％（70）甲基硫菌灵可湿性粉剂每 667m^2 有效成分含量 22.5～33.75g（1，7），或 50％硫黄悬浮剂每 667m^2 有效成分含量 75～100g（1，5）。

黄瓜炭疽病防治：①重病地块实行 3 年以上轮作。②注意放风，降低湿度，尤其浇水或阴天时更应注意。③温汤浸种，种子在 55℃ 温水中浸 15min 后，在常温水中继续浸种，催芽后播种。④发病初期喷洒 80％炭疽福美可湿性粉剂每 667m^2 制剂 80～100g（1，7），或 70％（80）代森锰锌可湿性粉剂每 667m^2 制剂 100～120g（1，7）。

黄瓜枯萎病防治：①深翻、轮作和选用抗病品种，如中农 7 号、津优 2 号等。②病地不能轮作的，采用嫁接育苗。③生长前期要控制浇水，实施小水轻浇，夏季不在中午浇水，肥料必须腐熟。④播前用 50% 多菌灵可湿性粉剂 600 倍液浸种 1 小时，然后移入常温水继续浸种。⑤定植发病后用 23% 络氨铜水剂灌根，每株有效成分含量 0.2～0.25g，或用 2% 农抗 120 水剂灌根，每千克水有效成分含量 100mg。

黄瓜细菌性角斑病防治：①选用抗病品种，如中农 5 号、中农 13 号、津优 30 号等。②与非瓜类蔬菜实行 2 年以上轮作。③定植前或发病初期喷洒新植霉素液每 $667m^2$ 制剂 15～20g，或 50% 琥胶肥酸铜粉剂喷粉，每 $667m^2$ 有效成分含量 50～75g（1，7），或高锰酸钾每 $667m^2$ 制剂 60～70g。

黄瓜疫病防治：①高畦栽培，畦面覆盖地膜，降低设施内湿度。②病地实行 3 年以上轮作，不能轮作的可采用嫁接育苗。③发病中心株要及时拔除深埋，病穴用生石灰灭菌。④发病后可喷 50% 异菌脲水剂 600～700 倍液（1，7），或 90% 三乙磷酸铝可溶性粉剂每 667 平方米制剂 80～100g（1，7）。

黄瓜灰霉病防治：①清洁田园，病秧、病果及时清出田外深埋。②加强放风，降低湿度。③喷药防治，用 50% 乙烯菌核利可湿性粉剂每 667 平方米有效成分含量 37.5～50g（1，7），或 50% 多菌灵可湿性粉剂每 $667m^2$ 制剂 100～120g（1，7）。

黄瓜根结线虫病防治：①与耐根结线虫病的葱蒜类蔬菜实行 2～3 年轮作。②选用大田土育苗，使用充分腐熟的有机肥，增施磷钾肥。③定植前病地每 $667m^2$ 施入 30～50kg 液氨，施后覆膜数日，揭膜 7d 后定植。④发病初期用 90% 敌百虫晶体 800 倍液浇施（1，7）。

2.4.3 虫害

黄瓜虫害主要有蚜虫、红蜘蛛、茶黄螨、白粉虱、美洲斑潜蝇等。

（1）蚜虫、红蜘蛛、茶黄螨防治 ①用黄板诱杀有翅蚜。②移苗前喷药，用 5% 天然除虫菊素乳油每 $667m^2$ 制剂 $40\sim50g$ 防治蚜虫，隔 $5\sim7d$ 一次，喷药 2 次。③用 25% 的灭螨猛可湿性粉剂每 $667m^2$ 制剂 $50\sim60g$（1，7）防治红蜘蛛和茶黄螨。

（2）白粉虱防治　①用黄板诱杀成虫。②培育无虫苗，要防止随苗将粉虱带入温室。消灭前茬和温室周围虫源。③以虫治虫，以丽蚜小蜂控制白粉虱的为害，当白粉虱成虫数量达每株 $1\sim3$ 头时，按白粉虱成虫与寄生蜂 1：（$2\sim4$）的比例，每隔 $7\sim10d$ 释放丽蚜小蜂一次，共放蜂 3 次，能有效地控制其为害。④当平均每株白粉虱成虫达 5 头以上时，用 22% 敌敌畏烟剂每 $667m^2$ 用 0.5kg，于傍晚收工前将保护地密闭熏烟一次。⑤喷洒 10% 吡虫啉可湿性粉剂每 $667m^2$ 制剂 $25\sim30g$（1，7）。

（3）美洲斑潜蝇防治　①合理安排茬口，发病较重地区种植其非喜食蔬菜，如韭菜、甘蓝等。②高温闷棚，闷棚前 1 天浇透水，次日闷棚升温至 45℃，持续 2h 后放风。③释放潜蝇姬小蜂进行生物防治。④用 25% 的灭幼脲悬浮剂 1000 倍液（1，7）防治。

注：在病虫害防治中，有效成分相同的有机合成农药一个生长期只能使用 1 次。

2.5　采收、包装、贮运

2.5.1　产品质量标准

按第 3 章第 2 节的规定执行。

2.5.2　采收

生长期施过化学合成农药的黄瓜，采收前 $1\sim2d$ 必须进行农药残留生物检测，合格后及时采收，分级包装上市。

2.5.3　包装

应符合第 5 章第 1 节的要求。

2.5.4　贮运

应符合第 5 章第 2 节的要求。

第4节　西瓜生产操作规程

1　范围

本标准规定了华北地区绿色食品西瓜栽培的产地条件、茬口安排、品种选择、育苗、定植、田间管理、病虫害防治及产品采收、包装、贮运。

2　要求

2.1　产地环境条件

应符合本书第一章第一节的要求。绿色食品生产基地应选择在无污染和生态条件良好的地区。基地选点应远离工矿区和公路铁路干线，避开工业和城市污染源的影响。

2.2　茬口安排及品种选择

2.2.1　茬口安排　西瓜性喜高温、强光、干燥的气候，一般多在露地栽培，也可利用保护设施，如改良地膜覆盖、大棚、温室等在早春栽培。露地栽培，可在3月上旬育苗，4月中下旬定植。改良地膜覆盖可在2月下旬育苗，4月上中旬定植。塑料大棚春提前，在2月上旬播种，3月中下旬定植。日光温室在1月上中旬播种，2月中下旬定植。西瓜的茬口安排见表4-3。

表 4-3   西瓜全年栽培茬次

栽培方式	播种期(月/旬)	定植期(月/旬)	收获期(月/旬)	育苗场所
日光温室	1/上中	2/中下	4/下～5/上	温室育苗
塑料大棚春提前	2/上	3/中下	5/中下	温室育苗
改良地膜覆盖	2/下	4/上中	6/上中	塑料薄膜拱棚育苗
春季地膜覆盖	2/下～3/上	4/中下	6/下～7/上	塑料薄膜拱棚育苗
春季露地	4/中下	—	7/上中	直播

2.2.2   品种选择   选择优质、高产、抗病一代杂种。百丰 7 号、玉玲珑、早抗丽佳、超级京欣、津花 4 号、京秀。无籽西瓜选择金蜜 1 号、国蜜 1 号等。

2.3   西瓜春季露地栽培

2.3.1   直播或育苗   西瓜可以直播，也可以育苗移栽。

（1）育苗场所   利用塑料薄膜拱棚、温室育苗。

（2）种子处理

① 选种：根据种子特性，按其大小、色泽、形状、饱满度等进行挑选，剔除畸形、破碎、形状等不符本品种特性的种子。

② 种子药剂处理：用 10% 的磷酸三钠溶液或 0.1% 高锰酸钾溶液浸种 20min，杀灭种皮上附着的病原菌。

③ 浸种：可采用常温浸种、温汤浸种等方式。常温浸种即用一般常温水（12～25℃）浸泡种子 12～24 小时，每隔 4～5 小时搅动、搓洗一次。温汤浸种即用 55～60℃ 温水（两开兑一凉）浸种，边浸泡边搅拌，大约持续 7～8min，使水温自然降至 30℃ 左右，再浸种 12 小时，中间换水并搓洗，将种子上附着的黏液洗净。

（3）苗床准备   营养土方育苗：将腐熟马粪、鸡粪、园田土按 2∶1∶7 混合过筛，每立方米混入 1.5kg 过磷酸钙，混匀后加水调和，填入事先备好的育苗畦内，厚度 10cm，抹平，稍干后划成 10cm 见方的土块，用小棒在每个土块中央戳一个 2～3cm 深的播种穴或移苗穴，即成育苗营养土方。

（4）播种   播种前容器内先浇灌底水，以保证营养土内有足够的水分，水渗后将发芽的种子播于容器中，播后覆盖 1.5cm 厚洁净过筛的潮润细土。而营养土方已经调湿，可将发芽的种子直接播其穴内，一穴只播一粒，播后立即盖上 1.5cm 厚洁净过筛的潮润细土，苗床上覆盖薄膜，四周用泥土压紧封严。每 667m^2 约需种子 100～150g。

（5）播后管理

① 温度管理：从播种到子叶出土，床温要保持在 28～30℃，播后 4～5d，大部分种子顶土时，揭膜放风。当 70%～80% 种子破土出苗时，将床温降至 18～20℃，白天气温控制在 20～23℃，夜间 15℃左右，以抑制幼苗徒长。当第一片真叶展开，幼苗胚轴已健壮，白天再把温度提到 25～27℃，夜间 18～20℃。定植前 10 天要降温炼苗，白天床温降至 18～22℃，夜间 12～15℃。

② 水分管理：苗期严格控制浇水，幼苗顶土后撒一层 0.2cm 细潮土，助种皮脱落，弥缝保墒。若后期床土较干，可洒水，之后再撒一层细潮土，保持床土水分，降低空气湿度。

③ 光照管理：西瓜是典型的喜光作物，光照不足，易徒长感病，为了增加光照，一要保持薄膜清洁；二要早拉草苫，使瓜苗多见光；三要注意通风排湿，防止膜内结露，影响光照，最好采用无滴膜育苗。容器育苗可通过移动位置改善受光条件。

2.3.2　定植前准备

（1）定植地块的选择　肥沃，灌溉方便，沙质壤土定植西瓜最为理想，土壤 pH6～7。

（2）整地、施基肥　选定的西瓜种植田，冬前应深翻 30cm 以上，进行晒垡。肥料的选择和使用应符合第 2 章第 2 节的要求，翻地前每 667m^2 撒施土杂肥 1000kg。早春土壤解冻后，及时趁墒耙地，如土壤墒情不足，应先灌水造墒再耙。耙后按行距在瓜路上（定植垄）开沟施足基肥，即每隔 1.4～1.5m（单垄栽培）或 2.8～3.0m（双垄栽培）开挖一条宽 50～60cm、深 30～40cm 的施肥沟，每 667m^2 施腐熟有机肥 5000kg、过磷酸钙 50kg、草木灰 100kg 作基肥，与沟内土壤混匀。

（3）作畦　在施肥沟上作宽 50～60cm、高 10～15cm 的定植垄。

2.3.3　定植

（1）定植密度　西瓜定植密度应根据品种和地力情况来决定。早中熟品种，地力较差地块密度应大些。中晚熟品种，地力较强地块，密度应小些。地力一般地块，早中熟品种每 667m^2 定植 800～900 株，中晚熟品种定植 600～700 株。

（2）定植方式

① 单垄栽培：在定植垄中间定植一行西瓜苗，早中熟品种株距 50～60cm，中晚熟品种株距 70～80cm。

② 双垄栽培：在定植垄两侧各定植一行西瓜苗，行距 30cm，早中熟品种株距 50～60cm，中晚熟品种株距 70～80cm。

（3）定植方法　定植前按定植行距开沟，沟内浇水，当水尚未渗入土壤时，将西瓜苗坨按规定株距摆放在沟内，然后向沟内填土，将栽培垄复原。

（4）覆盖或扣小棚　随定植随盖地膜，覆膜后对准瓜苗开十字形小口，将瓜苗茎叶轻轻引至膜外，然后将地膜铺平使其紧贴垄面，四周及放苗口用细土封严。如要扣小棚可采用幅宽 1.8～2.0m 棚膜，棚高 50～60cm，跨度 1.2～1.3m，四周用土压严。扣小棚可比露地栽培提前 20 天定植，待外界气温适宜后拆除小棚。

（5）春季露地直播　4 月中下旬可将催过芽的种子或干籽，直接播于事先准备好的平畦或高畦的畦面上，再根据需要覆地膜。

2.3.4　田间管理

（1）肥水管理　直播西瓜除播种时浇足水外，发芽期不再浇水，幼苗出土后，要加强中耕，从出土到抽蔓应中耕 3～4 次。育苗移栽的西瓜除定植时浇水外，也不再浇水，勤中耕，以防地温下降。进入抽蔓期结合追肥，可在夹畦内浇大水一次，供抽蔓之需，同时也便于压蔓。追肥可在苗两侧穴施或南侧沟施，每 667m^2 施饼肥或膨化鸡粪 100kg，或肥力相当的复合肥。待果实直径达 4～5cm 时，即进入生长盛期，开始浇大水，结合浇水再追施 20kg 复合肥，在果实直径达 15cm 后，土壤宜保持见干见湿，果实成熟前 5～8d 停水，以促进糖分积累，增加甜度。

（2）整枝　西瓜有单蔓、双蔓、三蔓等几种整枝方式。单蔓整枝，单位面积株数多，结瓜多，但同化面积小，果实长不大，产量、质量都低。小型品种最好采用 1.5～2 条蔓长一个瓜，大型品种 2～3 条蔓长一个瓜，其余侧枝全部打去。

（3）盘条　当主蔓长达 0.5m 左右时，为使主侧蔓齐头并进，需进行盘条，其方法是围绕根部挖沟，将主侧蔓分别压入沟内，仅留 7cm 长的龙头，主侧蔓的瓜叶要留在外面。

（4）压蔓　西瓜盘条后，瓜蔓继续伸长，须按一定方向固定住，使瓜蔓分布均匀，防止相互遮光，扩大根系吸收面积，抑制伸长，自盘条后每隔 5～6 节压一次蔓，此外，瓜前瓜后也应各压一次。

（5）摘心和打杈　当瓜秧铺满行间，瓜已坐住，进入膨大期时，为防止营养生长与果实争夺养分，瓜后留 5～7 叶进行摘心，生长期间出现的侧枝也应打掉。

（6）留瓜　选留第二、三雌花所结的瓜，因第一雌花开放时，营养体太小，坐瓜也不会大，第四雌花后留瓜过晚。

（7）授粉　为保证坐果，上午 6～8 时，雌花盛开，应进行人工授粉，将雄花花粉抹在雌花的柱头上。

（8）瓜的晒盖和翻动　西瓜果实前期要晒，后期要盖。当果实长到一定大小，下午趁果柄水分少不易折断时，将瓜轻轻转动，使阴面见光，共进行 2～3 次。

2.4　病虫害防治

2.4.1　用药次数及用药时期说明

化学药剂在整个生长季节中的使用次数和最后一次使用距采收的时间（天），用圆括号注于各农药之后，如 75％百菌清可湿性粉剂每 667 平方米有效成分含量 108.75～208.25g（1，7），括号中的 1 表示整个生长季节中允许使用 1 次，最后一次使用时间距采收时间须在 7 天以上。

2.4.2 病害

西瓜病害主要有苗期猝倒病、苗期立枯病、枯萎病、炭疽病、白粉病等。

（1）西瓜苗期猝倒病防治 ①苗床土消毒，可用50％多菌灵可湿性粉剂处理土壤，每平方米用药8g，与15g细土拌匀，播种时下铺上盖。②发现病苗后可用72.2％霜霉威水剂每平方米有效成分含量3.6～4.5g浇灌苗床一次。

（2）西瓜苗期立枯病防治 ①利用无病土壤育苗。②加强通风管理，降温排湿。③发病初期喷洒5％井冈霉素水剂1000倍液。

（3）西瓜枯萎病防治 ①与非瓜类、茄果类作物实行5年以上轮作。②用福尔马林100倍液浸种30min，然后移入常温水继续浸种。③利用白籽南瓜或瓠瓜等葫芦科作物作砧木，用靠接或插接法培养西瓜嫁接苗。④发现病株及时拔除，收获后及时彻底清除病残株。⑤发病初期用2％农抗120水剂灌根，每千克水有效成分含量100mg，或用23％络氨铜水剂灌根，每株有效成分含量0.2～0.25g（1，7），或50％（70）甲基托布津可湿性粉剂200倍液灌根（1，7）。

（4）西瓜炭疽病防治 ①与非瓜类作物实行2年以上轮作。②可用0.1％高锰酸钾溶液浸种5～6h，或用农用链霉素100倍液浸种10min，浸种后用清水冲洗3～4遍后催芽。③加强排水，注意合理密植。④定植前喷洒80％炭疽福美可湿性粉剂800倍液，发病后喷洒80％代森锰锌可湿性粉剂每667m^{2}有效成分含量133～200g（1，7）。

西瓜白粉病的防治：①前期控制浇水，加强中耕，保持适宜的昼夜温差，昼温28～30℃，夜温15～13℃。②发现病叶及时喷药，用1％武夷霉素100倍液，或75％百菌清可湿性粉剂每667m^{2}有效成分含量80～110g。

2.4.3 虫害

西瓜虫害主要有小地老虎、蝼蛄、蛴螬、种蝇、瓜蚜、黄守瓜、红蜘蛛等。

（1）小地老虎防治　①清除田间、地边及附近杂草。②诱杀成虫，在成虫活动期用糖醋（6 份糖：1 份酒：4 份醋：10 份水：1 份 90%敌百虫晶体）盆于傍晚放在田间 1 米高处，或用黑光灯诱杀成虫。③人工捕捉幼虫，每天清晨查苗，发现断苗时，在附近扒开表土捕捉幼虫。④药剂防治，对 3 龄以上幼虫，可用 50%敌敌畏乳油 1000 倍液灌根，株灌药液 250mL（1，10）。

（2）蝼蛄防治　①用黑光灯诱杀成虫。②毒饵诱杀，用陈旧麦粒加水煮熟，沥去水分，拌上 50%辛硫磷乳油，麦粒与药剂的比例为 20：1，于傍晚撒入蝼蛄活动的隧道上，毒杀成、若虫，每 667m^2 用毒饵 4kg。

（3）蛴螬防治　①施用充分腐熟的有机肥，及时灌水，减轻危害。②深耕深翻压低越冬虫量。③人工掘土捉拿蛴螬。④发生蛴螬幼虫危害时，可用 50%辛硫磷乳油 1000 倍液灌根，株灌药液 250mL（1，10）。

（4）种蝇防治　①施用充分腐熟的有机肥。②糖酒液诱杀，按糖、醋、酒、水和 90%敌百虫晶体 3：3：1：10：0.6 比例配成药液，用盒盛药液放置在苗床附近诱杀种蝇成虫。③种蛆危害时，用硫酸亚铁 3000～4000 倍液或 50%乐果乳油 1500 倍液灌根（1，10）。

（5）瓜蚜和红蜘蛛防治　①及时清除残株枯叶，深埋或销毁。②用黄板诱杀有翅蚜。③喷洒 3%除虫菊素微囊悬浮剂 800～1500 倍液防治蚜虫。④喷洒 10%吡虫啉可湿性粉剂 1500 倍液防治红蜘蛛（1，10）。

（6）黄守瓜防治　①在清晨露水未干时捕捉成虫。②在瓜苗周围地面上撒一层草木灰或麦壳等物防成虫产卵。③幼虫危害瓜根时用 2.5%鱼藤酮乳油 500～800 倍灌根（1，10）。④成虫为害时可用 20%氰戊菊酯乳油每 667m^2 制剂 20～40mL 加水 40～50kg（1，7），或 50%马拉硫磷乳油 1000～1500 倍液（1，7）喷雾防治。

注：在病虫害防治中，有效成分相同的有机合成农药一个生长期只能使用 1 次。

2.5 采收、包装、贮运

2.5.1 产品质量标准

按第 3 章第 4 节的规定执行。

2.5.2 采收

待西瓜果实达到生物学成熟时采收。生长期施过化学合成农药的西瓜，采收前 1~2d 必须进行农药残留生物检测，合格后及时采收，分级包装上市。

2.5.3 包装

应符合第 5 章第 1 节的要求。

2.5.4 贮运

应符合本书第 5 章第 2 节的要求。

第 5 节　日光温室厚皮甜瓜生产技术规程

1　范围

本标准规定 A 级绿色食品日光温室厚皮甜瓜生产的产地环境条件、生产管理措施、采收、技术档案等。

本标准适用于山东省 A 级绿色食品日光温室厚皮甜瓜生产。

2　规范性引用文件

下列文件中的条款通过本标准的引用而成为本标准的条款。凡是注日期的引用文件，其随后所有的修改单（不包括勘误的内容）或修订版均不适用于本标准，然而，鼓励根据本标准达成协议的各方研究是否可使用这些文件的最新版本，凡是不注日期的引用文件，其最新版本适用于本标准。

NY/T 391　绿色食品　产地环境技术条件

NY/T 393　绿色食品　农药使用准则

NY/T 394　绿色食品　肥料使用准则

DB37/T 391 山东Ⅰ、Ⅱ、Ⅲ、Ⅳ、Ⅴ型日光温室（冬暖大棚）建造技术规范

3　产地环境条件

选择地势高燥，排灌方便，交通便利，土层深厚，疏松，肥沃的地块建造的日光温室。环境条件符合 NY/T 391 的要求。

4　生产管理措施

4.1　保护设施

日光温室。新建日光温室宜选建山东Ⅲ、Ⅳ、Ⅳ（寿光）型，建造技术规范符合 DB37/T 391 的要求。前茬作物以番茄、辣椒等非瓜类作物为宜。

4.2　栽培季节

12月上旬至1月下旬播种育苗，1月中旬至2月下旬定植，4～6月采收。

4.3　品种选择

选择成熟早、品质优、耐低温、耐弱光、高产、抗病，适合市场需求的品种。

4.4　育苗

4.4.1　育苗设施

冬季育苗一般在日光温室育苗，或在塑料大棚内架设小拱棚，盖2层膜、保温被等措施保温育苗。棚室内宜建电热温床、火道温床。

4.4.2　营养土配制

肥沃田土60%和腐熟厩肥40%，过筛混合。每立方米营养土

中加入尿素和硫酸钾各 0.5kg、磷酸二铵 2kg、50％多菌灵可湿性粉剂 80g，拌匀备用。所用肥料应符合 NY/T 394 的要求。

4.4.3 浸种催芽

将种子放入 55～60℃温水中，在搅拌下使水温降至 30℃左右，浸种 3～5h。将种子取出后用 0.2％的高锰酸钾溶液消毒 20min，清水洗净，用湿布包好，在 28～30℃条件下催芽。催芽前还可用 50％多菌灵 500～600 倍液浸种 15min，可预防真菌性病害；或用 10％磷酸三钠溶液浸种 20min，可预防病毒病。

4.4.4 播种

播种前 4～5d，苗床上排好营养钵，浇透水，然后覆盖地膜，加盖小拱棚，提前加温。当地温稳定在 15℃以上时播种，每个营养钵或穴孔上播一粒发芽的种子，覆土 1～1.5cm 厚。

4.4.5 苗期管理

出苗前，苗床气温白天保持 28～32℃，夜间 17～20℃；出苗后适当降温，白天降到 22～25℃，夜间 15～17℃；第一片真叶展开至第三片真叶显露，白天 25～32℃，夜间 17～20℃；定植前 7d，降低苗床温度进行蹲苗、炼苗，白天 20～25℃，夜间 10～15℃。苗期地温保持 20～25℃。

第一片真叶展开后，喷洒一遍 72.2％霜霉威水剂 1000 倍液或 52.5％噁唑菌酮·霜脲氰水分散粒剂 2000 倍液等杀菌剂预防病害。定植前，苗床喷一遍 70％甲基硫菌灵可湿性粉剂 600 倍液或 75％百菌清可湿性粉剂 600 倍液。

4.5 定植前准备

定植前 10～15d，日光温室内浇水造墒，深翻耙细，整平。草苫要昼揭夜盖，提高室内的温度。结合整地每 667m² 施用腐熟的圈肥 5～6m³、腐熟畜禽粪便 2000kg、过磷酸钙 50kg。做垄前，于垄底撒施复合肥（氮＋磷＋钾＝15＋15＋15）60kg，或磷酸二铵 40kg、硫酸钾 20kg。按小行距 60～70cm、大行距 80～90cm 的不等行距做成马鞍形垄，垄高 15～25cm。对前茬为瓜类蔬菜的日光温室，可于垄底每 667m² 施甲基硫菌灵可湿性粉剂 1.5kg，进行土壤消毒。肥料施用符合 NY/T 394 的要求。

4.6　定植

温床育苗适宜苗龄为 30～35d，三叶一心。温室内 10cm 地温稳定在 15℃ 以上定植。定植宜在晴天上午进行。大果型品种每 $667m^2$ 栽植 1700～1800 株，小果型品种每 $667m^2$ 2000 株左右。在垄上开沟后浇水，按株距定植、覆土，然后覆盖地膜。

4.7　定植后管理

4.7.1　温湿度调控

定植后，维持白天室温 30℃ 左右，夜间 17～20℃，以利于缓苗。开花坐瓜前，白天室温 25～28℃，夜间 15～18℃，室温超过 30℃ 放风。坐瓜后，白天室温 28～32℃，不超过 35℃，夜间 15～18℃，保持 13℃ 以上的昼夜温差。

4.7.2　整枝、吊蔓、打杈

单蔓整枝，保留一条主蔓，吊秧栽培。当瓜秧长到 30cm 时，用绳牵引瓜蔓。主蔓在 27 节左右打顶。同时在顶部可留 1～2 个侧枝，以便再次坐瓜。

杈长到 3～5cm 时，选择晴天打杈。打完杈后，喷一遍 68.75% 噁唑菌酮·锰锌可湿性粉剂 1000～1500 倍液，或 20.67% 噁唑菌酮·硅唑可湿性粉剂 1000～1500 倍液，预防蔓枯病等的发生。

4.7.3　人工授粉

一般在主蔓第 12～17 节开始留子蔓结瓜。如果下部叶片偏小，要适当提高留瓜节位。在预留节位的雌花开放时，于上午 9～11 时，用当天开放的雄花给雌花授粉。

4.7.4　定瓜与吊瓜

当幼果长到鸡蛋大小时，选留果形周正、无畸形、符合品种特征、节位适中的幼瓜。一般小果型品种每株留 2 个瓜，大果型品种每株只留 1 个瓜，多余幼瓜摘除。

当幼瓜长到 250g 左右时，及时吊瓜。

4.7.5　肥水管理

定植后至伸蔓前，瓜苗需水量少，控制浇水。到伸蔓期，每 $667m^2$ 施尿素 15kg、磷酸二铵 10kg、硫酸钾 5kg，随即浇水。预留节位的雌花开花至坐果期间要控制浇水。定瓜后，每 $667m^2$ 可追施硫酸钾 10kg、磷酸二铵 20～30kg，随水冲施。此肥水后，隔 7～10d 再浇一次大水，至采收前 10～15d 停止浇水。多层留瓜时，在上层瓜膨大期再追施一次肥料，每 $667m^2$ 施入硫酸钾 15～20kg、磷酸二铵 10～15kg。除施用速效化肥外，也可在膨瓜期随水冲施腐熟畜禽粪便，每 $667m^2$ 300kg 或腐熟豆饼 100kg。生长期内可叶面喷施 2～3 次 0.3％磷酸二氢钾等叶面肥。肥料施用应符合 NY/T 394 的要求。

4.8　病虫害防治

4.8.1　主要病虫害

4.8.1.1　主要病害

白粉病、灰霉病、细菌性叶枯病、疫病、蔓枯病、病毒病等。

4.8.1.2　主要害虫

蚜虫、斑潜蝇等。

4.8.2　防治原则

按照"预防为主，综合防治"的植保方针，坚持"农业防治、物理防治、生物防治为主，化学防治为辅"的原则。化学防治使用农药应符合 NY/T 393 的规定。

4.8.3　农业防治

4.8.3.1　抗病品种

针对当地主要病虫控制对象及地片连茬种植情况，选用有针对性的高抗多抗品种。

4.8.3.2　创造适宜的生育环境

培育适龄壮苗；通过放风、增强覆盖、辅助加温等措施，控制各生育期温湿度，避免低温和高温伤害。增施充分腐熟的有机肥，减少化肥用量；清洁田园（日光温室），降低病虫基数；及时摘除病叶、病果，集中销毁。

4.8.4 物理防治

4.8.4.1 增设防虫网

通风口处增设防虫网，以 40 目防虫网为宜。

4.8.4.2 悬挂诱杀板

日光温室内设置黄板诱杀白粉虱、蚜虫、美洲斑潜蝇等，每 $667m^2$ 30～40 块。

4.8.5 生物防治

立枯病可用 5％井冈霉素 1000 倍液浇灌苗床；白粉病、灰霉病可用 1％农抗武夷菌素 150～200 倍液；叶枯病等细菌性病害可用 72％农用链霉素 4000 倍液，或新植霉素 4000 倍液；粉虱、蚜虫、斑潜蝇可用 6％绿浪乳油 800～1000 倍液喷雾防治。

4.8.6 化学防治

（1）白粉病 用 45％百菌清烟剂每 $667m^2$ 用 250g 熏烟，或 40％氟硅唑乳油 8000～10000 倍液喷雾。

（2）灰霉病 可选用 6.5％乙霉威·硫菌灵粉尘剂每 $667m^2$ 用 1kg 喷粉，或 28％多·霉威可湿性粉剂 500 倍液或 50％异菌脲可湿性粉剂 1000～1500 倍液喷雾。

（3）细菌性叶枯病 选用 50％琥胶肥酸铜可湿性粉剂 400 倍液，或 25％噻菌茂可湿性粉剂 500 倍液喷雾。

（4）蔓枯病 选用 10％苯醚甲环唑水分散粒剂 1000～1500 倍液，或 70％甲基硫菌灵可湿性粉剂 800 倍液，或 70％代森锰锌可湿性粉剂 500 倍液，以上药剂交替使用，用药方式可喷洒、灌根、涂茎相结合。

（5）疫病 用 58％甲霜灵·锰锌可湿性粉剂 600～800 倍液，或 69％烯酰吗啉·锰锌可湿性粉剂 800 倍液，或 52.5％噁唑菌酮·霜脲氰水分散粒剂 2000 倍液，或 60％氟吗啉可湿性粉剂 800～1000 倍液喷雾。

（6）病毒病 发病初期，用 1.5％植病灵 600 倍液，或 20％病毒 A 可湿性粉剂 500 倍液，或 5％菌毒清水剂 200～300 倍液喷雾防治。

（7）蚜虫、美洲斑潜蝇　用 10％吡虫啉可湿性粉剂 4000～6000 倍液，或 2.5％联苯菊酯可湿性粉剂 2000 倍液，或 2.5％氯氟氰菊酯乳油 2000 倍液喷雾。

5　采收

根据授粉日期和品种熟性以及品种成熟特征确定采收期。对果实成熟时蒂部易脱落的品种以及成熟后果肉易变软的品种，须适当早采收。采收宜在清晨进行，采后存放在阴凉场所。

6　生产技术档案

建立绿色食品日光温室厚皮甜瓜生产技术档案，详细记录产地环境、生产技术、生产资料使用、病虫害防治和采收等各环节所采取的具体措施，并保存 3 年以上。

第 6 节　番茄生产操作规程

1　范围

本规程规定了华北地区绿色食品番茄栽培的产地条件、茬口安排、品种选择、育苗、定植、田间管理、病虫害防治及产品采收、包装、贮运。

2 要求

2.1 产地环境条件

绿色食品产地环境应符合第1章第1节中的规定。生产基地应选择在无污染和生态条件良好的地区。基地选点应远离工矿区和公路、铁路干线，避开工业和城市污染源的影响。

2.2 茬口安排及品种选择

2.2.1 茬口安排

根据番茄生长期及对温度的要求，我国华北地区，露地番茄分为春秋两大季栽培。春番茄2月在保护地育苗，晚霜结束后定植于露地，秋番茄夏季5～6月育苗，结果期正处于8、9月气温比较适宜的时期。春季早熟栽培可比露地早30～40d，秋延后栽培可延至11月上中旬收获。日光温室栽培分为秋冬、越冬和冬春三茬。具体栽培茬口见表4-4。本标准以春季早熟栽培为主。

表4-4 番茄全年栽培茬次

栽培方式	播种期 （月/旬）	定植期 （月/旬）	收获期 （月/旬）	育苗场所
温室秋冬茬	7/下～8/下	9/下～10/上	11/下～2下	遮阴育苗
温室越冬茬	9/中～10/上	11/中下～12/上	2/中～6/中下	温室育苗
温室冬春茬	11/下～12/下	1/下～2/中	4/上～6/中下	温室育苗
塑料大棚春提前	1/上中	3/中下	5/中下～7/上	温室育苗
春季露地或地膜覆盖	2/中下～3/上	4/中下	6/中下～8初	塑料薄膜拱棚育苗
露地夏秋茬	5/中～6/中	7/中下	8/下～9/下	直播或遮阴育苗
塑料大棚秋延后	7/上中	8/上	10/上中～11/上	直播或遮阴育苗

2.2.2 品种选择

选择优质、高产、抗病一代杂种。保护地栽培宜选择早熟、叶片稀疏、叶量较少一代杂种，如倍盈、齐达利、浙粉 202、中杂 11、硬粉 2 号、津粉 2 号等。露地栽培宜选择中晚熟、叶量多、长势强一代杂种，如中杂 9 号、津粉 3 号、冀番 3 号等。

2.3 番茄春季早熟栽培

2.3.1 育苗

（1）育苗场所 塑料薄膜拱棚、温室作为育苗场所。

（2）播种床的准备

① 营养土的配置：以马粪 30％、猪粪 20％、园田土 50％的比例配制营养土，每 1000kg 营养土中再掺过磷酸钙 5kg、硫酸钾 2.5kg，营养土掺匀后平铺畦面，厚度 10cm。

② 容器准备：将配好的营养土装在直径 8cm、高 10cm 的营养钵中，上留 2cm 不装土。也可将营养土装入穴盘（50 穴），紧密码放在苗床中。

（3）浸种催芽

① 药剂浸种：用 10％磷酸三钠溶液或 0.1％高锰酸钾溶液浸泡种子 20min，捞出后用清水洗净，再在常温水中浸泡 6～8h。

② 温汤浸种：将种子放入 55～60℃温水中，随之搅拌至水温降至 30℃止，再浸泡 6～8h。

③ 催芽：将浸泡好的种子用干净的纱布和湿麻袋片包好，放在 28～30℃的条件下催芽，当 70％种子露白时即可播种。

（4）播种 选晴天中午播种，播前先在播种床上浇水，水量浸透 10cm 厚床土，水渗后在畦面撒 0.5cm 厚的过筛细潮土，将种子均匀撒在畦面上，覆 1～1.3cm 厚的细潮土。容器育苗播前要充分浇水，水渗后撒一层过筛细潮土，然后点播。每 667m^2 约需种子 50g。

（5）播后至分苗前管理

① 温度管理：播后在畦面上覆盖薄膜，保温保湿。当幼苗顶土时开始放风，并逐渐加大放风量，直至薄膜撤除。

② 上土：幼苗拱土时，上细潮土一次，厚约 0.3cm，弥严土缝，助种皮脱落。出齐苗后，再上细潮土一次，厚约 0.3cm，保护根系和补水保墒。

（6）分苗床土的配制　分苗床土依照肥土 4∶6 或 3∶7 的比例配制营养土，营养土掺匀后平铺畦面。

（7）营养土方制作和容器准备

① 营养土方的制作：在分苗床上挖出 10cm 深土，耙平踩实，把配好的营养土铺 10cm 厚于分苗床内，镇压后浇透水，水渗后切成 8～10cm 的土方，在切好土方的中央打直径和深度都为 2～3cm 的孔。

② 分苗容器准备：将营养土装在直径 8cm、高 10cm 的营养钵中，上留 2cm 不装土，将其紧密码在分苗床中。穴盘（50 穴）中备好营养土，码放整齐。

（8）分苗　播后 25d 左右，幼苗长到二叶一心时，选晴天上午，将苗分于分苗床、营养土方、营养钵或穴盘中。分苗前播种床要先浇水，将小苗带土挖起。营养钵、穴盘点播的不分苗，一次成苗。分苗床分苗时，先在畦面开 10cm 深浅沟，沟内浇稳苗水，小苗贴于沟侧并覆土，株距 10cm，之后再按 10cm 行距开沟，贴第二行苗，这叫暗水分苗，暗水分苗利于地温的提高。

（9）分苗后管理

① 温度管理：分苗后分苗床上加扣小拱棚，保温保湿。缓苗后逐渐降温，直至小拱棚撤除。定植前 10～15d 进行低温锻炼，白天气温降至 20℃ 左右，夜间 10℃ 左右。苗期温度管理见表 4-5。

表 4-5　苗期温度管理

时期	白天		夜间	
	土温/℃	气温/℃	土温/℃	气温/℃
播种～出齐苗	20～25	25～28	22～20	18～16

时期	白天		夜间	
	土温/℃	气温/℃	土温/℃	气温/℃
出齐苗~分苗	18~20	18~22	12~8	18~16
分苗~缓苗	18~20	26~30	20~8	20~18
缓苗后~定植前	15~16	20~25	15~13	14~12
定植前15天炼苗	15~16	18~22	12~10	12~10~8

② 水分管理：苗期不旱不浇，以控为主，若缺水可在晴天中午洒水，严禁浇大水。

③ 倒苗：对容器育苗，要通过调换容器位置，使其长势均匀。

④ 囤苗：定植前5~6d，分苗床内充分浇水，第二天将苗带坨挖起，整齐地码放在苗床内，土坨之间用土弥缝，以备定植。

番茄育苗从播种到定植约需50~60d，当幼苗具8~9片叶时定植。

2.3.2 定植

（1）定植前准备

① 整地、施基肥：定植前翻耕土地30cm左右深，每667m² 施入腐熟有机肥5000~7000kg、过磷酸钙30kg、硫酸钾20kg，其中60%撒施、40%按行开沟，集中施用。

② 作畦：采用高畦或瓦垄畦，畦宽1.2m，畦面宽0.9m，畦高15cm。

（2）定植 定植时，在高畦畦面两侧各开15cm宽、8cm深的小沟，每沟定植1行，株距35~40cm，每667m² 定植3000~3500株，畦面覆盖地膜。

2.3.3 田间管理

（1）结果前期

① 温湿度管理：定植时温度低，浇水量要少，定植后3~5d不放风，促其早缓苗，白天温度保持在30℃，夜间17~15℃，缓

苗后白天保持在 20～25℃，夜间 10～12℃，并浇水中耕蹲苗。

②植株调整：采用吊蔓措施，使枝叶固定并分布均匀。当所留果穗数已达要求后，在最后一穗果上方留下两片叶掐尖。

（2）盛果期与后期管理 第一穗果已坐住并长到核桃大小，幼果转入迅速膨大期，要结束蹲苗，追肥浇水，每 $667m^2$ 追施复合肥 20kg。当果实由青转白时，浇 2 次水并追施尿素 10kg，以后每隔 5～6d 浇 1 次水。最适温度为白天 25～26℃、夜间 15～17℃，为此，要增加通风量，通风面不能少于棚体面积的 20%，当外界夜温不低于 15℃，可昼夜通风。

2.4 病虫害防治

2.4.1 用药次数及用药时期说明

化学药剂在整个生长季节中的使用次数和最后一次使用距采收的时间（天），用圆括号注于各农药之后，如 75%百菌清可湿性粉剂每 $667m^2$ 有效成分含量 108.75～208.25g（1，7），括号中的 1 表示整个生长季节中允许使用 1 次，最后一次使用时间距采收时间须在 7 天以上。

2.4.2 病害

番茄主要病害有病毒病、早疫病、晚疫病、叶霉病、灰霉病、根结线虫病等。

（1）番茄病毒病防治 病毒病有花叶型、蕨叶型、条斑型三种。①选用抗病、耐病丰产一代杂种，如中杂 101、中杂 106、佳粉 18 号等。②种子药剂处理，播种前用清水浸种 3 小时，捞出沥干，再在 10%磷酸三钠溶液中浸 20min，用清水反复冲洗后，再继续常温水浸种。或将种子用肥皂水搓洗，捞出沥干后，再在 0.1%高锰酸钾溶液中浸 20min，用清水冲洗后继续常温水浸种。③加强肥水管理，增强植株抗病力。④喷洒 3%除虫菊素微囊悬浮剂每 $667m^2$ 制剂 40～50mL 预防蚜虫。⑤发病初期喷洒抗毒剂 1 号水剂 200～300 倍液，或 10%（20）盐酸吗啉胍可湿性粉剂每 $667m^2$ 有效成分含量 33.3～50g。

（2）番茄早疫病防治 ①选用抗病品种，与非茄科蔬菜实行 3

年以上轮作。②温汤浸种，用 55℃ 温水浸种 30min，再在常温水中继续浸种。③发现中心病株立即喷洒 50％异菌脲可湿性粉剂每 $667m^2$ 有效成分含量 25～50g（1，7），或 65％（80）代森锰锌可湿性粉剂每 $667m^2$ 有效成分含量 170～240g（1，7），或 77％氢氧化铜可湿性粉剂每 $667m^2$ 有效成分含量 103～462g（1，3），或波尔多液（石灰：硫酸铜＝1：1）稀释 200 倍喷雾。

（3）番茄晚疫病防治　①选用抗病品种，如强力米寿、中蔬 4 号、中杂 4 号等。②实行 3 年以上轮作。③加强田间管理，保持通风。④发病初期用 50％甲霜铜可湿性粉剂每 $667m^2$ 制剂 100～120g（1，7），或 40％乙磷铝可湿性粉剂每 $667m^2$ 制剂 200～250g（1，7）喷洒，或用 72.2％霜霉威水剂 500 倍液灌根，穴灌药液 250mL。

（4）番茄叶霉病防治　①选用抗病品种，如佳粉 18 号、中杂 8 号、07 春展 14 号。②与非茄科蔬菜实行 3 年以上轮作。③发病初期摘除病老叶，深埋或销毁。④加强管理，适时通风，浇水后及时放风排湿，防止叶面结露。⑤发病前用 45％百菌清烟雾剂熏蒸，每 $667m^2$ 用药 250g（1，7），密闭熏 3 小时后开棚。发病后喷洒 2％春雷霉素液剂每 $667m^2$ 有效成分含量 2.8～3.5g，或 50％多·硫（多菌灵·硫黄）悬浮剂每 $667m^2$ 制剂 70～80mL（1，7），或 70％甲基硫菌灵可湿性粉剂每 $667m^2$ 有效成分含量 25～37.5g（1，7）。

（5）番茄灰霉病防治　①加强通风管理，加大通风量，降低湿度。②发病初期控制浇水，浇水后注意放风。③发病后及时摘除病果、病叶和病枝，销毁或深埋。④结果期喷洒 50％腐霉利可湿性粉剂每 $667m^2$ 有效成分含量 37.5～50g（1，7），或 50％乙烯菌核利可湿性粉剂每 $667m^2$ 有效成分含量 37.5～50g（1，7）。

（6）番茄根结线虫病防治　①选择抗病品种，如仙客 1 号、仙客 6 号、07 春展 14 号等。②与耐根结线虫病的葱蒜类蔬菜实行 2～3 年轮作。③选用大田土育苗，使用充分腐熟的有机肥，增施磷钾肥。④定植前病地每 $667m^2$ 施入 30～50kg 液氨，施后覆膜数日，揭膜 7 天后定植。⑤发病初期用 90％敌百虫晶体 800 倍液浇施（1，7）。

2.4.3 虫害

番茄虫害主要有蚜虫、烟青虫、棉铃虫、白粉虱等。

（1）蚜虫防治 ①用黄板诱杀有翅蚜。②喷洒 5％天然除虫菊素乳油每 $667m^2$ 40～50g，或 0.3％印楝素乳油每 $667m^2$ 40～60g。

（2）烟青虫、棉铃虫防治 ①卵高峰后 3～4d 和 6～8d 喷洒苏云金杆菌乳剂每 $667m^2$ 100～120mL，连喷 2 次。②在孵化盛期至 2 龄盛期，喷洒 20％除虫脲或 50％辛硫磷乳油 1000 倍液（1，10）。

（3）白粉虱防治 ①用黄板诱杀成虫。②培育无虫苗，要防止随苗将白粉虱带入温室。消灭前茬和温室周围的虫源。③以虫治虫，以丽蚜小蜂控制白粉虱的危害，当白粉虱成虫数量达每株 1～3 头时，按白粉虱成虫与寄生蜂 1∶（2～4）的比例，每隔 7～10d 释放丽蚜小蜂一次，共放蜂 3 次，能有效地控制其为害。④喷洒 25％的灭螨猛乳油每 $667m^2$ 50～60mL（1，10），或10％的吡虫啉可湿性粉剂每 $667m^2$ 制剂 20～30g（1，10）。

注：在病虫害防治中，有效成分相同的有机合成农药一个生长期只能使用 1 次。

2.5 采收、包装、贮运

2.5.1 产品质量标准

按第 3 章第 3 节的规定执行。

2.5.2 采收

番茄果实达到生物学成熟时采收。生长期施过化学合成农药的番茄，采收前 1～2d 必须进行农药残留生物检测，合格后及时采收，分级包装上市。

2.5.3 包装

应符合第 5 章第 1 节的要求。

2.5.4 贮运

应符合第 5 章第 2 节的要求。

第 7 节　日光温室茄子生产技术规程

1　栽培茬口

日光温室茄子栽培模式以越冬茬为主。为防止黄萎病等土传病害，宜采取嫁接栽培。一般 8 月上旬～中旬播种育苗，9 月下旬～10 月上旬定植。

2　品种选择

选用抗病、耐寒、耐弱光、品质好、产量高，弱光下果实着色好、有光泽、商品性好的品种。砧木宜选用抗性强、配合力好的品种，如托鲁巴姆、优力加、赤茄等。

3　种子处理

3.1　晒种

播种前 15d，晒种 1～2d。

3.2　浸种

（1）药剂浸种　用 50％的多菌灵可湿性粉剂 800 倍液浸种消毒 10～15min，然后捞出洗净。

（2）温汤浸种　把种子放入 55℃温水中烫种 15min，并不断搅动，水温降至 30℃后停止搅拌。继续浸种 8～10h，捞出洗净，准备催芽。采取嫁接栽培时，砧木种子用 100～200mL/kg 的赤霉素，在 0～5℃低温下处理 24h 左右，然后用清水洗净，准备催芽。

3.3 催芽

将浸泡好的种子，捞出控干水分，用干净纱布包好。接穗种子置于 28～30℃的条件下催芽，砧木种子采取 30℃ 8h 和 20℃ 16h，反复进行变温处理，同时每天用清水冲洗 1 次。50％以上的种子露白后即可播种。

4 育苗

4.1 育苗床建造与选择

苗床应选在距定植地较近、地势稍高、排灌方便的中拱棚内或临时搭建拱棚，做成 1～1.2m 宽的小高畦。也可直接采用营养钵育苗，营养钵直径 10～12cm。

4.2 营养土配制

肥沃园田土 60％、腐熟厩肥 40％，过筛混合。每立方米营养土中加入尿素和硫酸钾各 0.5kg、磷酸二铵 2kg、50％多菌灵可湿性粉剂 80g，拌匀备用。

4.3 播种时间

一般 8 月上旬～中旬播种。采用嫁接栽培时，育苗时间比普通栽培提前 6～8d。采用托鲁巴姆和优力加做砧木时，砧木种子比接穗种子早播 20～25d；采用赤茄做砧木时，砧木种子比接穗种子早播 7d。

4.4 播种量

每定植 1 亩茄子一般需要种子 60g。采用嫁接栽培时，需用砧木种子 10g。

4.5 播种方法

播种前浇足底水，随播种随盖营养土，盖土厚度为 1.0～1.5cm。播种后，拱棚顶部盖薄膜，薄膜之上覆盖遮阳网，拱棚通风部位覆盖防虫网。

4.6　嫁接方法

　　采用劈接或斜切接法进行嫁接。

4.7　苗床管理

　　（1）温度管理　出苗前温度保持在白天气温 25～30℃，夜间 20～25℃。大部分幼苗出土后，通过逐步放风、覆盖遮阳网等措施进行降温，使白天气温在 25～28℃，夜间 18～20℃。当真叶出现后，温度再适当提高，白天保持气温 25～30℃，夜间 20～23℃。定植前 7～10d，适当降低温度炼苗，白天 25℃左右，夜间 15～20℃。嫁接苗在嫁接后的前 3d，白天温度控制在 25～28℃，夜间 20～22℃，进行遮光，不宜通风；嫁接后的 4～8d，白天温度控制在 24～28℃，夜间 18～20℃；以后按一般苗床的管理方法进行管理。

　　（2）湿度管理　苗床湿度以控为主，在底水浇足的基础上尽可能不浇或少浇水，定植前 5～6 天停止浇水。采用嫁接育苗时，在嫁接后的前 3d 苗床密闭，使苗床内的空气湿度达到饱和状态，嫁接后第 4 天逐渐降低湿度，可在清晨和傍晚湿度高时通风排湿，并逐渐增加通风时间和通风量，嫁接 9～10d 后按一般苗床的管理方法进行管理。

　　（3）光照管理　幼苗出土后，光照太强时，可用遮阳网适当遮阴。采用嫁接育苗时，在嫁接后的前 3 天，苗床应进行遮光，第 4 天在清晨和傍晚除去覆盖物接受散射光各 30min，以后逐渐增加光照时间，1 周后只在中午前后遮光，10～12d 后按一般苗床的管理方法进行管理。

　　（4）分苗　采用育苗床育苗时，3 片真叶分苗。可将幼苗分入营养钵中，营养钵直径 10～12cm，每钵 1 苗。分苗后缓苗期间，午间适当遮阴。

　　（5）其他管理　采用苗床育苗时，幼苗出土后应及时间苗，剔除带帽出土苗、畸形苗和过于拥挤处的弱小苗。嫁接育苗应及时摘除砧木上萌发的不定芽。嫁接苗成活后，应及时去掉嫁接夹或其他捆绑物。

5　整地

定植前15～20d整地，结合整地，每亩施优质有机肥（以优质腐熟猪厩肥为例）4000～5000kg、过磷酸钙100kg、复合肥（氮＋磷＋钾＝15＋15＋15）40～50kg。有机肥一半撒施，一半沟施，化肥全部沟施，肥料深翻入土，并与土壤混匀。

6　定植

6.1　定植时间

日光温室越冬茄子一般在9月下旬～10月上旬定植。

6.2　定植密度

采用平畦定植，之后培土成垄。畦宽70～80cm，畦间距70～80cm，株距40～45cm。每亩定植2000～2200株。

6.3　定植方法

在定植畦内按株距挖穴，放苗坨，封穴后浇水。

7　田间管理

7.1　温湿度管理

定植后缓苗期间，一般不放风。白天室温25～35℃，夜间18～23℃，地温不低于25℃；缓苗后适当降低室温，白天25～30℃，夜间20℃左右；整个越冬期间，注意保持较高的室温，白天25～30℃的室温保持5h以上，若午间室温达到32℃，可进行放风，下午室温降至25℃时，及时关闭放风口。夜间加强保温，严寒天气，适当增加覆盖物，夜温保持15～20℃，最低夜温不低于12℃；越冬后，通过放风口的打开和关闭，控制好室内温度，白天22～32℃，夜间15～22℃，阴雨天适当降低温度，白天室温22～27℃，夜间13～17℃。茄子生长期间，空气相对湿度以70％～80％为宜。

7.2　浇水、追肥

定植时浇足底水，缓苗期一般不再浇水。缓苗水若浇得不足，室温又较高时，可浇水，但要跟上放风和中耕，防止植株生长过旺；"门茄"核桃大小时，中耕后，每亩施磷酸二铵40kg，并培土成垄。将垄面整平后，盖好地膜，于沟内浇透水。越冬期间，植株表现缺水时，选晴天于膜下灌水，每亩随水冲施尿素 20kg；2 月中旬～3 月中旬，每 12～15d 浇水一次，每次浇水配合冲施腐熟的有机肥，如豆饼水（每亩用豆饼 50～60kg），间隔冲施速效氮肥一次，每次每亩用尿素 15kg。3 月中旬以后，每 7～8d 浇一次水，隔一水每亩施三元复合肥（氮＋磷＋钾＝15＋15＋15）15～20kg。

7.3 不透明覆盖物的管理

冬季上午揭不透明覆盖物的适宜时间，以揭开后室内气温无明显下降为准。晴天时，阳光照到采光屋面时及时揭开。及时清洁薄膜，保持较高的透光率。下午室温降至 20℃ 左右时覆盖。深冬季节，可适当晚揭早盖。一般阴雨天，室内气温只要不下降，就应揭开草苫。大雪天，可在雪停清扫积雪后于中午短时揭开或随揭随盖。连续阴天时，可于午前揭开不透明覆盖物，午后早盖。久阴乍晴时，要陆续间隔揭开不透明覆盖物，不宜猛然全部揭开，以免叶面灼伤。揭开后若植株叶片发生萎蔫，应再覆盖，待植株恢复正常，再间隔揭开。

7.4 植株调整

"门茄"开花后，下部的侧芽及时抹去。采用单干或双干整枝，多余侧枝及时抹去。日光温室栽培植株易倒伏，应及时吊秧。生长中后期，及时摘除植株基部老叶、黄叶，改善通风透光条件。

8 病虫害防治

8.1 主要病虫害

立枯病、猝倒病、褐纹病、绵疫病、黄萎病、灰霉病等。

8.2 主要害虫

蚜虫、白粉虱、茶黄螨等。

8.3 农业防治

（1）抗病品种　针对当地主要病虫控制对象及地片连茬种植情况，选用有针对性的高抗多抗品种。

（2）创造适宜的生育环境　采取嫁接育苗，培育适龄壮苗，提高抗逆性；通过放风、增强覆盖、辅助加温等措施，控制各生育期温湿度，避免生理性病害发生；增施充分腐熟的有机肥，减少化肥用量；清洁田园（棚室），降低病虫基数；及时摘除病叶、病果，集中销毁。

8.4 物理防治

（1）增设防虫网 通风口处增设防虫网，以 40 目防虫网为宜。

（2）悬挂诱杀板 棚内悬挂黄色诱杀板诱杀白粉虱、蚜虫、美洲斑潜蝇等对黄色有趋向性的害虫，每亩 30～40 块。铺设银灰色地膜避蚜。

8.5 化学防治

（1）立枯病和猝倒病 发病初期，用 72.2％霜霉威丙酰胺水剂 800 倍液，或 75％百菌清可湿性粉剂 600 倍液，或 70％代森锰锌可湿性粉剂 500 倍液喷雾防治 1 次。

（2）褐纹病和绵疫病 发病初期，用 58％甲霜灵锰锌可湿性粉剂 500～600 倍液，或 50％福美双 600 倍液喷雾防治 1 次。

（3）灰霉病 50％腐霉利可湿性粉剂 800 倍液，或 28％多·霉威可湿性粉剂 500～600 倍液，或 50％多菌灵可湿性粉剂 500 倍液，或 50％扑海因 500～800 倍液喷雾防治 1 次。

（4）黄萎病 播种前用 50％多菌灵可湿性粉剂 500 倍液浸种 1h。发病期间，70％甲基硫菌灵可湿性粉剂 1000 倍液，或 50％苯菌灵可湿性粉剂 1000 倍液喷雾防治 1 次。

（5）蚜虫 每亩用 50％抗蚜威可湿性粉剂 10g 兑水稀释后喷雾防治 1 次。

（6）白粉虱 25％噻嗪酮可湿性粉剂 2500 倍液，或每亩用 25％噻虫嗪水分散颗粒剂 10～20g 兑水喷雾防治 1 次。

（7）茶黄螨 5％卡死克乳油 1000～2000 倍液，或 73％克螨特乳油 1000～2000 倍液喷雾防治 1 次。

9 采收

果实达商品成熟时，在严格按照农药安全间隔期前提下，及时采收。

第8节 日光温室辣椒栽培技术操作规程

1 范围

本标准规定了达到绿色辣椒产品质量要求的术语、定义、生产技术和产地环境要求。

本标准适用于绿色食品标志辣椒日光温室的生产、栽培及田间管理。

2 规范性引用文件

下列文件中的条款通过本标准的引用而成为本标准的条款。凡是注日期的引用文件，其随后所有的修改单（不包括勘误的内容）或修订版均不适用于本标准，然而，鼓励根据本标准达成协议的各方研究是否可使用这些文件的最新版本。凡是不注日期的引用文件，其最新版本适用于本标准。

NY/T391-2000　　绿色食品　产地环境技术条件

NY/T393-2000　　绿色食品　农药使用准则 NY/T394-2000

绿色食品　肥料使用准则　NY/T655-2002　　绿色食品　茄果类蔬菜

　　NY/T1054-2006　　绿色食品　产地环境调查、监测与评价导则 NY/T1055-2006　　绿色食品　产品检验规则

3　术语和定义

　　下列术语和定义适用于本标准。

3.1　绿色食品

　　遵循可持续发展原则，按照特定生产方式生产，经专门机构认定，许可使用绿色食品标志的，无污染的安全、优质、营养类食品。

3.2　A 级绿色食品

　　生产地的环境质量符合 NY/T391-2000《绿色食品 产地环境技术条件》，生产过程中严格按照绿色食品生产资料使用准则和生产操作规程要求，限量使用限定的化学合成生产资料，产品质量符合绿色食品产品标准，经专门机构认定，许可使用 A 级绿色食品标志的产品。

3.3　日光温室

　　由采光和保温维护结构组成，以塑料薄膜为透明覆盖材料，东西向延长，在寒冷季节主要依靠获取和蓄积太阳辐射能进行蔬菜生产的单栋温室。

3.4　茬口

　　茬口是作物在轮连作中给予后作物以种种影响的前茬作物及其茬地的泛称。

4　产地环境

　　绿色食品番茄生产的产地环境质量应符合 NY/T391-2000 的规定。

5　栽培管理技术

5.1　栽培季节与茬口

　　（1）秋冬茬（秋延迟）8 月中旬育苗，9 月中旬定植，12 月底到次年 1 月中旬收获结束。

　　（2）冬春茬（早春茬）11 月中旬育苗，1 月底 2 月初定植，5 月

中旬结束。

5.2　品种选择

　　依据当地气候、消费习惯和市场需求确定品种。秋冬茬选择耐高温抗病毒品种；冬春茬选择耐低温弱光品种。

5.3　育苗

5.3.1　种子处理

　　（1）晒种　播种前1～2d，选择晴天上午，将种子摊开在报纸或棉布上，忌暴晒，放在背风向阳处，晒2～3h即可。

　　（2）浸种　将晒好的种子倒入55℃的热水中，水量为种子量的5～6倍，不断搅拌和添加热水，保持恒温15～20min，水温降至30℃再继续浸泡4～6h，再用10％磷酸三钠溶液中浸泡10～15min，捞出洗净，严格掌握药水的浓度和浸种时间，药液处理后一定要用清水将种子冲洗干净。包衣的种子不需要浸种催芽过程。

　　（3）将浸种后的种子用湿纱布或湿毛巾包好，放于28～30℃处催芽，每天用温水将种子淘洗2次，洗净种皮上的黏液，洗后将种子摊开透气10min。当80％的种子芽尖露白即可播种。

5.3.2　穴盘基质无土育苗

　　选择72孔穴盘，每1000盘需消毒基质4立方，预湿装盘，每穴1粒播种，出苗前保持气温30℃左右高温出苗，出苗后5～7d降温至18～20℃防徒长，此后幼苗生长期间掌握气温25℃左右；保持基质湿润状态，基质含水量出苗前85％～90％，出苗后60％～75％，出盘前45％～60％，幼苗7～8片叶即可定植。

5.4　定植

5.4.1　整地施肥起垄

　　定植前清洁田园，高温闷棚5～7天，翻地深25cm，每亩施腐熟的优质农家肥8～10立方、有机复合肥100kg、有机腐殖酸复合肥100kg，深翻入土，混合均匀。起垄覆膜定植，垄宽70cm、垄距50cm、垄高30～35cm，垄上覆盖地膜。

5.4.2　定植与苗期管理

　　垄上双行双株定植，株距30～40cm，每亩保苗6000～8000

株，大果甜椒单株定植，株距 45cm，每亩保苗 2500 株，定植时每穴浇定植水 1kg 左右，秋季定植后 3～5d 浇缓苗水一次，冬春季定植不浇缓苗水。缓苗后进入蹲苗期，控水 20d 左右，促进根系生长，控制地上徒长。秋季定植后要遮阴防晒，冬春季定植后高温缓苗。

5.5 田间管理

5.5.1 温度和光照

调节风口，擦洗棚膜，保持室内白天 25～28℃、夜间 12～15℃，空气相对湿度 40％～45％，以保温为主。科学揭盖棉被：晴暖天气早揭晚盖；晴冷天气早揭早盖；阴冷天气晚揭早盖；久阴乍晴回盖防晒。室内极限温度不低于 10℃，不高于 35 ℃，覆盖不超 1 昼夜。春季外界气温稳定在 15℃以上，可以不盖棉被，风口全部打开，昼夜通风。

5.5.2 水肥管理

施肥应符合 NY/T394-2000 标准规定。定植前浇透底水，定植后控水蹲苗，全田 70％门椒达到采收标准时始浇头水，结合浇水平衡配方施肥，以沼液和商品有机肥为主，一般 10～15d 浇水一次，每次浇水深至沟深的 1/2 即可，忌大水漫根，保持土壤湿润即可，两次水带一次肥，每次每亩冲施腐殖酸液肥或有机复合肥 30kg 配合 10kg 磷酸二铵和 2kg 尿素，中后期可叶面喷施 0.1％腐殖酸液肥和复合微生物液肥 2～3 次。收获前 30d 停止追肥。

5.5.3 植株调整

辣椒植株为假二权分枝，不需要打权，只需要在生长中后期摘除空枝条，减少密闭，促进果实生长。把第一分枝以下的蘖枝全部摘除，中后期拦绳扶蔓以防倒伏，部分甜椒等高大植株要吊绳绑蔓，生长过密可适当剪除空枝条，以通风透光。

5.5.4 病虫害防治

（1）主要病虫害

① 主要病害：猝倒病、疫霉病、病毒病等。

② 主要虫害：白粉虱、蚜虫、斑潜蝇等。

（2）防治原则　按照"预防为主、综合防治"的植保方针，坚持以"农业防治、物理防治、生物防治为主，化学防治为辅"的治理原则。

（3）农业防治

① 抗病品种：针对主要病虫害控制对象，选用高抗多抗品种。

② 生育环境：培育适龄壮苗，提高抗逆性；控制好温度和空气湿度，适宜的肥水，充足的光照和二氧化碳，通过放风和辅助加温，调节不同生育时期的适宜温度，避免低温和高温障碍；深沟高畦，严防积水，清洁田园，做到有利于植株生长发育，避免侵染性病害发生。

③ 耕作制度：实行严格轮作制度，与非茄科作物轮作 3 年以上。

④ 科学施肥：测土配方施肥，增施充分腐熟的有机肥，防止土壤富营养化。

⑤ 设施防护：大型设施的防风口用防虫网封闭，夏季覆盖防虫网和遮阳网进行避雨、遮阳、防虫栽培，减轻病虫害的发生。

（4）生物防治

① 天敌：积极保护利用天敌防治病虫害。

② 生物药剂：利用植物源农药如藜芦碱、苦参碱、印楝素等和生物源农药如齐墩螨素、新植霉素等防治病虫害。

（5）物理防治　温棚内运用黄板诱杀白粉虱、蚜虫和斑潜蝇成虫，每 $667m^2$ 悬挂黄色粘虫板 $30\sim40$ 块。

（6）主要病虫害化学防治　使用农药防治应符合 NY/T393-2000 的要求。

（7）禁止使用禁用农药

5.5.5　采收

辣椒果实达到商品成熟时即可采收，产品质量符合 NY/T1055-2006 的要求。

5.5.6　清洁田园

将残枝败叶和杂草清理干净，集中进行无害化处理。

第9节 洋葱生产操作规程

1 范围

本标准规定了华北地区绿色食品洋葱栽培的产地条件、茬口安排、品种选择、育苗、定植、田间管理、病虫害防治及产品采收、包装、贮运。

2 要求

2.1 产地环境条件

应符合第1章第1节的要求。绿色食品生产基地应选择在无污染和生态条件良好的地区。基地选点应远离工矿区和公路、铁路干线，避开工业和城市污染源的影响。

2.2 茬口安排及品种选择

2.2.1 茬口安排

洋葱要求凉爽的气温，中等强度的光照，疏松、肥沃、保水力强的土壤，较低的空气湿度，较高的土壤湿度，从而表现出耐寒、喜湿润、喜肥的特点，不耐高温、强光、干旱和贫瘠，并在高温长日照时进入休眠。因此，华北地区洋葱露地生长时间主要在春季，育苗时间多在秋季，幼苗可冬前定植，露地越冬，夏季收获。华北地区各地洋葱茬口情况见表 4-6。

表 4-6　华北地区洋葱茬口安排

地区	播种期（月/旬）	定植期（月/旬）	收获期（月/旬）
烟台	8/下～9/上	10 中、3/中～3/下	6/下～7/上
天津	9/上～9/中	10/下～11/上	6/下～7/上
石家庄	9/上～9/中	10/下～11/上	6/下～7/上
太原	8/下～9/上	3/中～3/下	7/下～8/上
呼和浩特	4/上～4/中	6/上～6/中	9/中～9/下

2.2.2　品种选择

选择优质、高产、抗病品种，如北京紫皮、长日黄、珠玉黄、泉州中高黄、金球 1 号等品种。

2.3　育苗

2.3.1　育苗时间

洋葱鳞茎的膨大生长，要求严格的温度和光照条件。秋播秋栽苗龄约 50～60d；秋播春栽冬前苗龄 60～80d，越冬期 120～150d；春播春栽苗龄约 60d。播种过早，幼苗过大，易在低温下通过春花，播种过晚，幼苗过小，越冬能力差，鳞茎不能充分膨大，生长期不足。

2.3.2　苗床选择

宜选择土壤疏松、肥沃、排灌方便，且 2～3 年内没种过葱蒜类蔬菜的地块。

2.3.3　床土准备

苗床应施入充分腐熟过筛的有机肥，一般长 7m、宽 1.7m 的畦，应施入腐熟有机肥 25～30kg，并施入 0.5～1kg 过磷酸钙，将肥土掺匀，整平畦面。

2.3.4　播种

（1）种子处理　要选用当年新籽，秋季播种，由于当时气温尚高，可直播干籽，也可浸种催芽后播种。催芽方法是将种子置于

50℃温水中浸泡30min，在常温下再浸泡3～5h，捞出稍晾，然后置于18～20℃温暖处，期间每天用清水淘洗种子，待种子露白时播种。

（2）播种方法

① 干籽条播：在整好的畦面上用对齿开沟，行距10cm，沟深1.5cm，干籽撒入畦面，用笤帚横扫，将种子扫入沟内，用脚踏实，也可将干籽直接捻入沟内，覆土踏实，然后浇水，适于秋播。

② 浸种催芽后播种：播前畦面先浇底水，水渗后覆0.5cm厚细土，再撒播种子，播后覆土1.5cm，适于春播。

2.3.5 播后管理

（1）冬前管理 洋葱种子发芽出土缓慢，播后8～10d出苗，这期间应保持土壤湿润，如土壤干燥，可浇水1～2次，使幼苗顺利出土和生长。幼苗出土后要控制浇水，防止生长过快，越冬时幼苗过大而导致"未熟抽薹"。若幼苗黄瘦，可结合灌水每667m² 追施尿素10kg左右。苗期中耕除草2～3次，苗高5～6cm时进行间苗，苗距3cm见方。由于洋葱幼苗茎粗达0.9cm，在2～5℃温度下，经过60～70d即可完成春化过程，为防止未熟抽薹，冬前洋葱幼苗茎粗应保持在0.6～0.8cm。

（2）越冬管理 秋播露地越冬洋葱幼苗，立冬前后于苗床北侧立风障，小雪前后上冻水，次日上细土或马粪、稻草、麦秸等覆盖，增温、保墒，保护幼苗越冬。囤苗越冬的洋葱幼苗，封冻前应将幼苗起出，扎成小捆，囤在背阴处，四周用干土或细沙封严，其深度不超过叶的分权处，上方架设秫秸，严防雨雪漏入，保持恒定的－6～－7℃低温。

2.4 定植

2.4.1 整地、施肥

栽培洋葱宜选择疏松、肥沃的沙质壤土，忌与葱蒜类蔬菜重茬。肥料的选择和使用应符合第2章第2节的要求，每667m² 施入4000～5000kg腐熟有机肥作基肥，并施入复合肥20kg，肥土掺匀后做成平畦。

2.4.2 定植时间

秋播秋栽，在严寒到来前 40d 左右定植，冬前已缓苗并恢复生长，不致造成越冬死苗。若定植过早，冬前发棵大，易造成"未熟抽薹"。秋播春栽，定植应尽量提早，当早春土壤消冻后立即进行。春播春栽则需要春季育苗，夏季定植，秋季收获。

2.4.3 定植深度

洋葱适于浅栽，过深过浅都不好，合理的定植深度以埋没小鳞茎、浇水后不飘秧为宜，一般深约 2～3cm。

2.5 田间管理

2.5.1 缓苗期

秋季定植的洋葱苗，除定植后浇 1～2 水促进缓苗外，应控制浇水，进行中耕松土，促进幼苗健壮，增强抗寒性。土壤结冻时浇冻水并覆盖粪土、稻草、秫秸，以利护根防寒。春季定植的洋葱苗，定植后 20 余天为缓苗期，浇水不宜过大，定植后浇一小水，5～6d 后浇二水，地表见干时浇三水。

2.5.2 茎叶生长期

由越冬返青或春天定植缓苗至鳞茎开始膨大为茎叶生长期。这一时期，既要促进植株健康生长，又要防止茎叶徒长。秋季定植的洋葱苗，翌春返青后应及时浇返青水，随水追施腐熟人、畜、禽粪尿，每 667m^2 追施 1500kg，或复合肥 10kg，其后要适当控制浇水，并及时中耕，控水蹲苗 15d 左右。春天定植的洋葱苗，在浇过三水后，要及时中耕，控水蹲苗 15 天左右。

2.5.3 鳞茎膨大期

当洋葱叶呈现深绿色，叶肉增厚，叶面蜡质增多时，结束蹲苗，即进入鳞茎膨大期。此期气温逐渐升高，浇水次数随之增多，一般每 7～8d 1 水，直到葱头收获前 7～8d 停水。此外，本期还要追肥两次：第一次在结束蹲苗，鳞茎开始膨大时，每 667m^2 追施尿素 15kg、磷酸二氢钾 10kg；第二次在鳞茎膨大盛期，每 667m^2 追施尿素 10kg。

2.6 病虫害防治

2.6.1 用药次数及用药时期说明

化学药剂在整个生长季节中的使用次数和最后一次使用距采收的时间（天），用圆括号注于各农药之后，如75％百菌清可湿性粉剂每$667m^2$有效成分含量$108.75\sim208.25g$（1，7），括号中的1表示整个生长季节中允许使用1次，最后一次使用时间距采收时间须在7天以上。

2.6.2 病害

洋葱病害主要有软腐病、颈腐病、炭疽病、灰霉病等。

（1）洋葱软腐病防治 ①与非葱蒜类蔬菜实行$2\sim3$年轮作。②培育壮苗，适当早定植，轻浇水，勤中耕，雨后排水。③发病初期喷洒$0.015％\sim0.02％$农用链霉素，或$0.02％\sim0.04％$氯霉素，或新植霉素4000倍液，连喷$2\sim3$次，或喷抗菌剂"401"每$667m^2$ $100\sim120g$。

（2）洋葱颈腐病防治 ①与非葱蒜类蔬菜实行$2\sim3$年轮作。②选用抗病品种，栽培中不可大水漫灌，雨后注意排水，控制氮素化肥过多使用。③发病初期喷洒40％多菌灵胶悬剂每$667m^2$ $60\sim80g$（1，7），或70％甲基硫菌灵可湿性粉剂每$667m^2$ $20\sim30g$（1，7）。

（3）洋葱炭疽病防治 ①实行轮作，切忌大水漫灌，雨后注意排水。②发病初期喷洒80％炭疽福美可湿性粉剂每$667m^2$ $60\sim80g$（1，7），或"农抗120"水剂$200\sim300$倍液。

（4）洋葱灰霉病防治 ①实行轮作，切忌大水漫灌，雨后注意排水，控制氮素化肥过多使用。②发病初期可用25％甲霜灵可湿性粉剂500倍液（1，7）或75％百菌清可湿性粉剂每$667m^2$制剂$80\sim100g$（1，7）喷雾。或用1∶1∶240波尔多液，每10kg药中加中性洗衣粉$5\sim10g$作为黏着剂，隔$5\sim7d$喷1次，连续防治$2\sim3$次。

2.6.3 虫害

洋葱虫害主要有葱地种蝇、潜叶蝇、葱蓟马等。

（1）葱地种蝇防治　①注意轮作，使用充分腐熟的有机肥。②成虫用 90％敌百虫晶体每 $667m^2$ 40～50g（1，7）喷雾杀灭，幼虫用 50％辛硫磷乳油每 $667m^2$ 制剂 40～50g（1，7）灌根防治。

（2）潜叶蝇防治　①收获后清除田间残枝枯叶，深翻土地，降低越冬虫源基数。②毒饵诱杀，可在甘薯或胡萝卜煮汁中按 0.05％比例加 90％敌百虫晶体作诱饵，喷布在植株上（1，7）。③田间成虫发生盛期或发现幼虫时，用 40％乐果乳油 3000 倍液防治（1，7）。

（3）葱蓟马防治　①清洁田园，清除虫源，加强肥水管理，增强抗虫能力。②在成虫、幼虫发生时，喷洒肥皂水或洗衣粉水具有一定效果。③药剂防治可喷洒 10％吡虫啉可湿性粉剂 2000 倍液（1，7）。

注：在病虫害防治中，有效成分相同的有机合成农药一个生长期只能使用 1 次。

2.7　采收、包装、贮运

2.7.1　产品质量标准

按第 3 章第 4 节的规定执行。

2.7.2　采收

洋葱叶片逐渐变黄，假茎松软，有些倒伏为收获适期。收获后应晾晒 2～3d，晾晒时不要使鳞茎受到灼伤。叶子晒至 7～8 成干时，编辫或装筐贮藏。生长期施过化学合成农药的洋葱，收获前 1～2d 必须进行农药残留生物检测，合格后及时收获。

2.7.3　包装

应符合第 5 章第 1 节的要求。

2.7.4　贮运

应符合第 5 章第 2 节的要求。

第10节 韭菜生产技术规程

1 栽培茬次

韭菜生产分露地栽培和保护地栽培，保护地栽培可采取阳畦、中小拱棚、大拱棚、日光温室等多种形式。露地栽培春季一般收2～3茬、秋季收1～2茬，冬春保护地栽培收3茬。一般采用育苗移栽，早春栽培也可开沟直播。

2 品种选择

选用抗病、耐寒、分蘖力强和品质好的品种。

3 播种育苗

3.1 种子处理

采取催芽播种的，播前把种子倒在55℃温水中，不断搅拌，水温降至25～30℃后，清除浮在水面的瘪籽，浸泡12h，捞出后用湿布覆盖，放在15～20℃的地方催芽，经2～3d，80％的种子露白即可播种。

3.2 苗床准备

床土宜选用砂质土壤。冬前翻耕，播种前浅耕，每亩施入腐熟圈肥5000kg、氮磷钾三元复合肥（16-8-18）20kg，细耙后作畦。一般畦宽1.2～1.5m，畦长因需而定。

3.3 播种

（1）干播法 按 10～12cm 的行距，开 1.5～2.0cm 深的浅沟，将干种撒于沟内，平整畦面覆盖种子，镇压后灌水。幼苗出土前保持土壤湿润，防止土壤板结。

（2）湿播法 畦面楼平浇足底水，水渗后播种，先覆一层 0.5cm 厚细土，将催好芽的种子均匀撒入畦内，上盖 1.5～2cm 厚的细土。

3.4 用种量

每亩苗床用种 4～5kg，可供 2000m^2 大田定植用。

3.5 苗期管理

播种后，每亩用 48％地乐胺乳油或 33％二甲戊乐灵乳油 150～200mL 兑水喷雾，均匀喷于地表，覆膜。苗床上扣 40 目防虫网。70％幼苗顶土时撤除地膜。幼苗出土前保持土壤湿润。幼苗出齐后，浇水要轻浇勤浇，结合浇水，追施尿素 1～2 次，每亩每次 10kg。苗高 15cm 后，控制浇水，以防倒苗。

4 整地作畦

定植前结合翻耕，每亩施入腐熟圈肥 5 方、氮磷钾复合肥（16-8-18）20kg 左右，细耙后平整作畦。畦向、畦宽因栽培方式而定。

5 定植

（1）定植适期 苗高 20cm，有 5～6 片叶时即可定植。

（2）定植方法 定植前 2～3 天苗床浇透水，以利起苗。秧苗剪去过长须根和叶片，在 50％辛硫磷乳油 1000 倍液中蘸根后定植。畦栽韭菜，行距 18～20cm、穴距 10～15cm，每穴 10～15 株。开沟定植，沟深 10cm 左右，覆土后浇水。

6 定植后的管理

6.1 定植当年的管理

定植后及时浇水，3～4d 后再浇 1 次水，然后浅耕蹲苗，新叶发出后，浇缓苗水，之后中耕松土，保持土壤见干见湿。高温多雨季节注意排水防涝。8月下旬后，每5～7d浇一次水，结合追施尿素2～3次，每次每亩10kg左右。露栽培10月上旬以后减少浇水量。土地封冻前浇冻水，在行间铺施腐熟有机肥2方左右保温过冬。

6.2　第二年及以后管理

（1）露地栽培管理　春季，要及时清理地面的枯叶杂草。韭菜萌芽时，结合中耕松土，把行间的细土培于株间。返青时，结合浇返青水，每亩追施尿素10kg。每次收割2～3d后，结合浇水，每亩追施氮磷钾三元复合肥（16-8-18）20kg。浇水后及时中耕松土，收割期保持土壤见干见湿。夏季要减少浇水，及时除草，雨后排水防涝。为防韭菜倒伏，应搭架扶叶，并清除地面黄叶。及时摘除韭薹减少养分消耗。8月下旬开始，每5～7d浇一次水，每次收割2～3d或新萌芽5～6cm后，结合浇水，每亩追施氮磷钾三元复合肥（16-8-18）20kg。10月上旬以后减少浇水量。土地封冻前浇冻水，在行间铺施腐熟有机肥2～3方保温过冬。

（2）保护地栽培管理　11月下旬后，韭菜进入休眠期，清除枯叶，浅中耕，浇透水，扣棚。扣棚初期和每次收割后，白天温度保持在24～28℃、夜间8～12℃。第一茬韭菜生长期正值严冬，应加强防寒保温，适时揭盖草苫，阴雪天及时清除积雪，白天温度保持在20～25℃、夜间8～12℃。扣棚初期不放风，中后期当棚温达到30℃时，及时放风。3月上旬开始大放风，夜间逐步撤去草苫，4月后视气温情况撤去薄膜。

每次收割2～3d或新萌芽5～6cm后，结合浇水，每亩追施氮磷钾三元复合肥（16-8-18）20kg。收割期保持土壤见干见湿。保护地韭菜收割三刀后的管理同露地栽培。

7　病虫害防治

7.1　主要病虫害

有灰霉病、疫病、韭蛆、斑潜蝇等。

7.2　农业防治 实行轮作换茬；防止大水漫灌，雨季及时排涝，减轻疫病发生；每次收割2～3d后，每亩顺水冲施沼液2000kg，或

在韭菜根部撒草木灰 300kg，对预防韭蛆有一定效果。

7.3　物理防治

（1）糖醋液诱杀　　按糖、醋、酒、水和 90%敌百虫晶体 3＋3＋1＋10＋0.6 比例配成溶液，每亩放置 2～3 盆，随时添加，保持不干，诱杀韭蛆成虫。

（2）粘虫板诱杀　　在韭菜棚内每 20m² 悬挂一块 20cm×30cm 的粘虫板，诱杀韭蛆成虫。

（3）设置防虫网　　露地栽培和保护地栽培均可设置 40 目的防虫网，防止韭蛆成虫、斑潜蝇侵入危害。

（4）生物防治　　可用 1%农抗武夷菌素水剂 150～200 倍液，或用 10%多抗霉素可湿性粉剂 600～800 倍液，或木霉菌 600～800 倍液喷雾防治灰霉病。可用 5%除虫菊素乳油 1000～1500 倍液喷雾防治韭蛆成虫、斑潜蝇。可用 1.1%苦参碱粉剂 400 倍液，或 0.5%印楝素乳油 600～800 倍液，灌根防治韭蛆。

（5）化学防治

① 农药防治原则。严禁使用剧毒、高毒、高残留农药和国家规定在绿色食品蔬菜生产上禁止使用的农药。交替使用农药，并严格按照农药安全使用间隔期用药。每种药剂整个生长期内限用一次。

② 灰霉病。发病初期，可用 25%嘧菌酯悬浮剂 1500 倍液，或 40%嘧霉胺悬浮剂 1000 倍液，或 50%异菌脲可湿性粉剂 1000 倍液，或 50%腐霉利可湿性粉剂 1000 倍液，喷雾防治。

③ 疫病。发病初期，可用 58%甲霜灵·锰锌可湿性粉剂 500 倍液，或 50%乙磷铝锰锌可湿性粉剂 600 倍液，或 72.2%霜霉威水剂 1000 倍液，或 64%噁霜灵＋代森锰锌可湿性粉剂 600 倍液，喷雾防治。

④ 韭蛆。防治幼虫，可在韭蛆发生盛期前 5d 左右进行施药，用 50%辛硫磷乳油 1500 倍液灌根。

⑤ 斑潜蝇。可用 50%吡蚜酮水分散粒剂 2500～3000 倍液，或 25%噻虫嗪水分散粒剂 2500～3000 倍液，或 40%啶虫脒水分散粒

剂 1000～2000 倍液，喷雾防治。

8 采收

韭菜植株长至 25～30cm 时收割，宜在晴天早晨进行。收割时留茬 2～3cm。

第 11 节　绿豆生产技术规程

1 产地条件

生产基地应选择在无污染和生态条件良好的地区，要远离工矿区和公路、铁路干线，避开工业和城镇污染源的影响，具有可持续的生产能力。基地活土层 30cm 以上、土质疏松、透气性好、土壤 pH6.5～7.5、肥力中等以上，旱能浇、涝能排。不与其他豆类作物连作，一般选玉米茬或小麦茬，轮作周期不少于 2 年。农田土壤重金属背景值高的地区以及与土壤有关的地方病高发区，不能作为生产基地。

2 整地与施肥

春播绿豆于冬前深耕 25～30cm，早春除尽根茬、耕耢耙平、造墒备播。夏播绿豆在上茬作物收获后，及时耕翻耙平，除尽残茬，力争早播。生产 AA 级绿色食品绿豆，每亩施用充分腐熟的有机肥 2000～2500kg，结合耕翻，均匀地施入耕层土壤。生产 A 级绿色食品绿豆，每亩施用充分腐熟的有机肥 1000～1500kg，加磷酸二铵 8～10kg 和硫酸钾 10kg，结合耕翻，施入耕层土壤。无机氮与有机氮配合施用的比例不能超过 1：1，禁止使用硝态氮肥。

3 播种

3.1 选择品种

因地制宜，选择适应性广、优质丰产、抗病抗逆性强、商品性好的品种。如潍绿 4 号、潍绿 5 号、中绿 1 号、豫绿 4 号、冀绿 2 号、明绿 245 等。

3.2 种子处理

播种前，进行种子精选，剔除杂色粒、霉烂粒、残破粒、虫蛀粒、秕粒、小粒和杂质等。种子质量达到国家一级良种标准：净度不低于 98%、纯度不低于 97%、发芽率不低于 90%、水分不高于 14%。在播种前，选择晴天将精选后的种子摊成薄层，在阳光下晾晒 2d。

3.3 播种时间

春播绿豆，4 月下旬～5 月中旬为宜。夏播绿豆，6 月中、下旬为宜，至少要在 7 月 5 日前播种完毕。

3.4 播种方法

有条播、穴播和撒播 3 种方式，最好采用机械条播方法，以提高工效、保证密度。

3.5 种植密度

种植密度应根据品种特性、土壤肥力和耕作制度而定。直立型品种单作，每亩用种量 1.5～2.0kg、行距 40～50cm、株距 10～15cm、每亩留苗 11000～15000 株。

4 田间管理

4.1 间苗定苗

当绿豆出苗后达到二叶一心时，剔除疙瘩苗，在第一片复叶展开后间苗，在第二片复叶展开后定苗。留苗密度根据土壤肥力而定，高肥水地块，亩留苗 1 万～1.1 万株；中肥水地块，亩留苗 1.1 万～1.3 万株；水肥差的旱薄地，亩留苗 1.3 万～1.5 万株。要采取单株留苗，剔除弱苗、病苗、小苗，留大苗和壮苗。

4.2 中耕除草

定苗前后，结合除草中耕 1～2 次，促使根瘤形成和根系下扎。分枝期进行第 3 次中耕并进行培土，护根防倒。中耕时，应掌握由浅到深再到浅，并且行间深、根际浅的原则。

4.3 灌水排涝

绿豆比较耐旱，不耐涝，对水分反应敏感。前期水分过多，易引起烂根死苗，或发生徒长导致后期倒伏。后期遇涝，易使根系及植株生长不良，出现早衰，花脱落，产量下降；地面积水 2～3d，则可导致植株死亡。因此，应注意防涝、排涝。绿豆现蕾期是需水临界期，花夹期是需水高峰期，要保持土壤相对湿度 60％左右，如遇干旱应及时浇水。

4.4 追肥

初花期，每亩追施微生物肥料或有机肥料 40～50kg。

5 病虫害防治

绿豆主要病害有根腐病、病毒病、叶斑病、白粉病等，主要虫害有地老虎、蚜虫、螟虫等。

要坚持"预防为主，综合防治"的植保方针，针对不同防治对象及其发生情况，根据绿豆生育期，分阶段进行综合防治，在优先采用抗病虫品种、农业防治、物理防治、生物防治的基础上，合理使用化学防治技术，禁止使用国家明令禁止的农药，生产 A 级绿色食品绿豆可有限度地使用部分化学农药，每种农药在生长期使用不能超过 1 次。

5.1 农业防治

选用抗（耐）病、虫品种；合理布局，与禾本科作物换茬轮作；清洁田园，清除病虫植株残体；适期播种，避开病虫害高发期；加强肥水管理，促进植株健壮，提高抗病能力。

5.2 综合采用物理、生物、化学方法防治病虫

5.2.1 虫害类

（1）地老虎 用糖醋液或黑光灯诱杀成虫，或将新鲜泡桐树叶用水浸泡湿后，于傍晚撒在田间，每亩撒放 700～800 片叶子，第

二天早晨捕杀幼虫。

（2）螟虫类　用水银灯诱杀豆荚螟、豆野螟成虫，或选用5%天然除虫菊素1500～2500倍液，或苏云金杆菌1000～1600倍液，喷雾防治。

（3）蚜虫　将银灰色塑料膜或银灰色纸裁成宽10～15cm、长40～50cm的长条，捆在棍棒一端插入田间，每亩插20～30条，以驱避蚜虫；保护利用瓢虫、食蚜蝇及草蛉等蚜虫天敌；也可选用5%烟碱水剂500～600倍液，或用0.6%苦参碱800倍液喷雾防治。

（4）螨类　在害螨发生期，选用20%浏阳霉素1000～1500倍液，或2.5%华光霉素可湿性粉剂800～1000倍液，或50%硫悬浮剂400～600倍液，于傍晚喷雾防治，喷药要均匀周到。

5.2.2　病害类

（1）根腐病　选用30%氧氯化铜悬浮剂600～1000倍液，或用2%春雷霉素500倍液，或用2%农抗120水剂100～200倍液，喷淋茎基部和地面。

（2）叶斑病　选用2%春雷霉素500倍液，或2%农抗120水剂200～300倍液，或0.5%等量式波尔多液，喷雾防治。

（3）白粉病　用30%氧氯化铜悬浮剂稀释600～1000倍液，或用0.5%等量式波尔多液，喷雾防治。

（4）病毒病　要及时防治蚜虫、飞虱等害虫。

6　收获与储存

绿豆收获，可以分次采收，当植株上70%左右的豆荚成熟变黑后，开始采摘，以后每隔6～8天收摘一次；也可采取一次性收获，当植株上80%以上的豆荚变黑后收割。但是，易暴荚和长生育期连续结荚品种，必须分次采收。

收获后的绿豆在无毒、无害、干净的场地及时进行晾晒，严禁在柏油路面或其他有污染的地方进行晾晒、脱粒，以防污染和保持良好的商品色泽。在收贮过程中，要防止雨淋浸湿发芽。

第 12 节 大豆生产技术规程

1 范围

本规程规定了山东省 绿色食品大豆生产的产地条件、生产技术及技术档案。

本规程适用于山东省内 绿色食品大豆生产。

2 规范性引用文件

下列文件中的条款通过本标准的引用而成为本标准的条款。凡是注日期的引用文件，其随后所有的修改单（不包括勘误的内容）或修订版均不适用于本标准。然而，鼓励根据本标准达成协议的各方研究是否可使用这些文件的最新版本。凡是不注日期的引用文件，其最新版本适用于本标准。

NY/T391 绿色食品 产地环境质量标准

NY/T393 绿色食品 农药使用准则

NY/T394 绿色食品 肥料使用准则

NY/T285 绿色食品 大豆

3 产地条件

3.1 土壤条件

土壤耕层疏松深厚，土质肥沃，富含钙质，pH6.5～7.5，且具较好的排水、保水性能。

3.2 环境条件

符合 NY/T391 绿色食品产地环境质量标准的要求。

4 种子与选茬

4.1 品种选择

根据当地生产类型及市场需求，因地制宜选择高产、高蛋白、高油优质品种；根据当地的无霜期选择生育期适宜的品种；根据土壤肥力选择不同耐肥性的品种，肥地选用秆强不倒的品种，薄地选用耐瘠薄适应性广的品种。所选品种应产量高、抗逆性强、籽粒商品性好，且通过省级以上审定。

4.2 种子处理

播种前剔除病粒、残粒、虫食粒及杂粒，质量达到种子分级二级标准以上。

4.3 选地

不重茬、迎茬，与夏播作物玉米、甘薯等轮作周期不少于2年。

5 整地与施肥

5.1 整地

精细整地采用深松、细耙相结合的土壤耕作方法。前茬收获后，需要深耕 20cm 以上，细耙 2～3 遍，耙深 12～15cm，做到上虚下实、深浅一致、地平土碎。

夏播大豆应适当灭茬或免耕播种。无水浇条件的地块应避免深度耕翻，以免跑墒。

5.2 施肥

重施有机肥，辅施化肥。优先使用绿色食品专用生产资料，禁止使用硝态氮肥、生活垃圾和工业三废。应施用符合 NY/T394 要求的肥料。

有条件的采用测土配方施肥。无测土条件的一般结合整地每 $666.7m^2$ 施用 $1000\sim1400kg$ 优质腐熟有机肥。种肥每 $666.7m^2$ 施用 $5.0kg$ 左右的氮磷钾复合肥或用钼酸铵、硼肥等微肥拌种。根据土壤肥力不同，可选择在苗期、开花结荚期、鼓粒期进行追肥。苗期每 $666.7m^2$ 追施 $2.5\sim5.0kg$ 氮磷钾复合肥促壮苗；开花结荚期每 $666.7m^2$ 追施 $5\sim10kg$ 尿素；鼓粒期缺肥时，每 $666.7m^2$ 追施 $5kg$ 左右的尿素或叶面喷施尿素、磷酸二氢钾等。土壤碱解氮含量在 $80mg/kg$ 以上时，可不追肥。较少施用有机肥的，应实行秸秆还田。

根据需要，可接种根瘤菌。根瘤菌产品要选择菌株与当地大豆品种相匹配、与土壤相适应的合格产品。接种方式可选择拌种、土壤接种和种子包衣。使用时注意不要与化肥和杀菌剂直接接触，处理好的种子不要暴晒于阳光下。

6 播种

6.1 播种期

春播大豆在无霜期后及时早播；麦茬夏播大豆在小麦收获后抢时播种，播种期不迟于 6 月 25 日。土壤含水量低于田间最大持水量的 70% 时，造墒播种。

6.2 播种量

根据品种特性、土壤肥力确定播种量。开张型品种宜少播，紧凑型品种宜多播；肥地宜少播，旱瘠薄地宜多播。播种量按以下公式计算：播种量＝［计划密度/$667m^2$ × 百粒重（g）］／（100×1000×发芽率×田间出苗率）。

6.3 播种方法

机械条播。等行距播种：行距 $40\sim50cm$。宽窄行播种：宽行 $50cm$，窄行 $20cm$ 左右。播种深度 $3\sim5cm$，覆土厚度均匀一致。

7 田间管理

7.1 查苗、补苗

子叶出土后及时查苗、补苗，缺苗断垄的应移稠补稀或育苗移栽，严重缺苗的应浸种 $2\sim3h$ 后补种，天旱时带水补种。

7.2 间苗、定苗

子叶展平至第 1 片真叶展开前进行人工间苗。间苗后 3～5d 定苗。留苗密度以品种特性和当地常年种植密度为准，一般 1.0 万～3.0 万株/667m²，开张型品种宜稀，紧凑型品种宜密；肥地宜稀，旱瘠薄地宜密。

7.3 中耕、培土

真叶展开后，按先浅后深的原则中耕。第一次中耕要抢晴及早进行，最后一次在初花期前结束。

培土在最后一次中耕时进行，高度为 10～12cm，宜超过子叶节。

7.4 化控

对旺长田块，宜于始花期叶面喷施 50～150mg/L 的烯效唑或 100～200mg/L 的多效唑，控制旺长，防止倒伏。

7.5 病虫草害防治

7.5.1 防除杂草

以中耕除草为主，必须使用化学除草剂时，应使用符合 NY/T393 要求的农药。

7.5.2 病虫防治

采用抗病虫品种、农业防治、生物防治和化学防治等综合防治技术防治病虫害。山东省大豆的主要病害是大豆花叶病毒病和大豆胞囊线虫病。防治大豆花叶病毒病和大豆胞囊线虫病可选用抗病品种。

物理防治主要通过杀虫灯诱杀害虫、捕捉害虫等措施，防治害虫。

生物防治主要通过田间释放性诱激素扑杀、喷施生物农药灭杀、释放害虫天敌等措施，防治害虫。

用冬耕、清除田边杂草等措施防治豆天蛾、豆荚螟、大豆食心虫等害虫。

特殊情况下，必须使用农药时，应使用符合 NY/T393 要求的农药。

7.6 水分管理

适时灌水。苗期应适当干旱，不浇水或少浇水；开花、结荚、鼓粒期遇旱及时浇水。根据土壤墒情浇水，大豆幼苗期的适宜土壤田间持水量为60%左右，分枝期为65%左右，开花结荚期为80%以上，鼓粒期为70%～80%。当土壤含水量低于适宜含水量时应进行浇水。遇涝或田间积水时要及时排水。

8 收获与贮藏

8.1 收获时期

人工收获在大豆黄熟末期或手摇动植株有响声即可收获。机械收获适当推迟1～3d。

8.2 晾晒

人工收割后带株摊晒，晒干后脱粒，晾晒至籽粒含水量13%时入库。机械收获后，若种子含水量高于13%应及时晾晒。

8.3 贮藏

单收、单打、单贮。储藏库要做好消毒、杀菌、防虫、灭鼠等工作。库内禁止存放农药、化肥等物。大豆入库后经常检查温、湿度及虫鼠害等情况。在运输过程中禁止与其他大豆或有毒有害物混载，以防混杂和污染。

9 质量标准

产品质量符合NY/T285绿色食品大豆的要求。

10 生产技术档案

建立生产技术档案。应详细记录产地环境、生产技术、生产资料使用、病虫害防治和收获等各环节所采取的具体措施，并保存2年以上。

第 13 节　露地菠菜生产技术规程

1　栽培茬次

菠菜管理简单，一年四季基本都可以栽培。主要茬口可分为：

（1）春茬　2 月中旬至 4 月上旬，表层土解冻后播种，5～6 月上市。

（2）夏茬　5 月上旬至 6 月上旬播种，7～8 月上市。

（3）秋茬　8 月中下旬至 9 月下旬播种，10～12 月上市。

（4）越冬茬　10 月上旬至 11 月上旬播种，12 月至翌年 4 月上市。

2　品种选择

选用抗病、优质、丰产、抗逆性强的品种，早春和越冬栽培还应选择抽薹迟的品种，以防先期抽薹。

3　整地、施肥、作畦

每亩施充分腐熟的优质农家肥 3～5 方、磷酸二铵 15～20kg、硫酸钾 10～15kg、深翻 25～30cm，整平耙细作畦。一般平畦畦宽 1.8～2.0m，埂宽 35cm；高畦畦宽 30cm，畦高 20cm。

4　播种

菠菜多采用干籽直播，播种方式以撒播和条播为主。撒播一般每亩用种 3～4kg，条播 2～3kg。撒播时先将畦面浇透，待水渗下后均匀撒种，然后覆土 1.0～1.5cm。条播，一般播深 2～3cm，播后浇水。夏季播种时，若气温高于 30℃，菠菜种子发芽困难，应催芽后播种，催芽温度 15～20℃，2～3d 后，60％种子露白后即可播种。播后覆草保湿。

5　田间管理

（1）春茬菠菜　50％以上幼苗出土后浇第一遍水，2 叶 1 心时浇第二遍水；2～3 片叶时，按苗间距 3～5cm 间苗；3～4 片真叶时定苗，株距 5～8cm，行距 15～20cm。定苗后，结合浇水每亩撒施氮肥（N）3～5kg、钾肥（K_2O）5～10kg。株高 15cm 左右时，结合浇水，每亩施氮肥（N）4～6kg、钾肥（K_2O）4～5kg。注意保持土壤湿润。

（2）夏茬菠菜　出苗后，及时去掉地面覆盖物，可采用喷灌降低地温及气温。也可畦面浇小水，以井水为宜，水流要缓，一般在清晨或傍晚浇水。2～3 片真叶间苗，3～4 片真叶定苗。定苗后，每亩追施氮肥（N）3～5kg。

（3）秋茬菠菜　秋茬菠菜播种量可适当减少。幼苗出土后浇第一遍水，2 叶 1 心时浇第二遍水。2 片真叶时按株间距 3～5cm 间苗；3～4 叶时定苗，株距 5～8cm，行距 15～20cm，幼苗期注意除草和防涝。其他管理同春茬菠菜。

（4）越冬茬菠菜

① 冬前管理。出苗后，适当控制浇水，促使菠菜根系纵深生长。2～3 片真叶后适当浇水，并随水追施氮肥（N）5～7kg，及时除草。

② 越冬期管理。土壤封冻前应建好风障。宜在昼消夜冻时浇足冻水，严寒地区宜在浇水后早晨解冻时再覆一层干土或土杂肥保墒。

③ 冬后管理。心叶开始生长时，选晴天及时浇返青水，水量

宜小。返青至收获期，保证充足的水肥供应，结合浇水追施氮肥（N）4～5kg。

6　病虫害防治

（1）防治原则　按照"预防为主，综合防治"的植保方针，以农业防治、物理防治、生物防治为主，化学防治为辅。

（2）主要病虫害　霜霉病、蚜虫、潜叶蝇等。

（3）农业防治　合理安排茬口，选用高抗多抗品种；增施有机肥，减少化肥用量；清洁田园，降低病虫基数。

（4）物理防治　每亩悬挂 20cm×30cm 黄色粘虫板 30～40 块，悬挂高度与植株顶部持平或高出 5～10cm，诱杀粉虱、蚜虫、斑潜蝇等害虫。

（5）化学防治

① 农药使用原则。严禁使用剧毒、高毒、高残留农药和国家规定在绿色食品蔬菜生产上禁止使用的农药。交替使用农药，并严格按照农药安全使用间隔期用药。每种药剂整个生长期内限用一次。

② 霜霉病。可用 75％百菌清可湿性粉剂 600 倍液，或 80％代森锰锌可湿性粉剂 600 倍液，或 25％嘧菌酯悬浮剂 1500 倍液喷雾，或 53.8％甲霜灵锰锌可湿性粉剂 600 倍液，或 72.2％霜霉威水剂 600～1000 倍液，喷雾防治。

③ 蚜虫。可用 50％吡蚜酮水分散粒剂 2500～3000 倍液，或 25％噻虫嗪水分散粒剂 2500～3000 倍液，或 40％啶虫脒水分散粒剂 1000～2000 倍液，喷雾防治。

④ 潜叶蝇。可用 25％噻虫嗪可湿性粉剂 1000 倍液，或 3％除虫菊素微胶囊悬浮剂 1000～1500 倍液，喷雾防治。

7　收获

根据市场需求，适时分批收获。

第 14 节 露地苤菜生产技术规程

1 范围

本标准规定了绿色食品露地苤菜产地环境条件、栽培技术、病虫害防治、采收及生产档案。

本标准适用于山东省绿色食品露地苤菜的生产。

2 规范性引用文件

下列文件对于本文件的应用是必不可少的。凡是注日期的引用文件，仅所注日期的版本适用于本文件。凡是不注日期的引用文件，其最新版本（包括所有的修改单）适用于本文件。

NY/T 391 绿色食品 产地环境技术条件

NY/T 393 绿色食品 农药使用准则

NY/T 394 绿色食品 肥料使用准则

NY 525 有机肥料

3 产地环境条件

选择排水良好、土层深厚、肥沃、疏松的土壤，环境条件应符合 NY/T 391 的要求。

4 栽培技术

4.1 整地施肥

深耕土壤 20cm 以上，耙细整平。结合整地，每 667m^2 施用有机肥 500～800kg、磷酸二铵 30kg、硫酸钾 20kg。施肥按照 NY/T 394 的规定进行，有机肥符合 NY 525 的要求。

4.2 播种

4.2.1 品种选择

选用抗病优质丰产品种。

4.2.2 播种时期

春季在日平均温度 4～5℃（2 月中旬至 4 月上旬）播种。秋季在 8 月中下旬到 9 月下旬播种。

4.2.3 播种方法及播种量

采用直播法，以撒播为主。播前浇足水，水渗后均匀撒播，覆土 1～1.5cm。早春播后覆盖地膜。播种量一般每 667m^2 0.5kg。

4.3 田间管理

4.3.1 间苗

春季生产的莙荙菜于 3～4 片真叶时间苗，秋季生产的在 2 片真叶时间苗。间苗标准：株距 5～8cm，行距 15～20cm。

4.3.2 浇水

播种后 3～4d 浇第一遍水，二叶一心时浇第二遍水，3～4 片真叶时浇第三遍水。

4.3.3 追肥

结合第二次和第三次浇水各追肥一次，每次每 667m^2 追氮、钾复合肥（15-0-15）10kg。收获前 30d 不再追肥。

5 病虫害防治

5.1 主要病虫害

主要病虫害有霜霉病、蚜虫、潜叶蝇、甜菜夜蛾等。

5.2 防治原则

按照"预防为主、综合防治"的植保方针，坚持"农业防治、物理防治、生物防治为主，化学防治为辅"的原则。

5.3 农业防治

合理安排茬口，选用抗病品种；增施有机肥，减少化肥用量；清洁田园。

5.4 物理防治

5.4.1 防虫网

设置 40 目防虫网，阻止蚜虫、潜叶蝇、甜菜叶蛾等害虫进入。

5.4.2 杀虫灯

悬挂在离地面 1.2～1.5m 处，设置密度一般为每 1.3～2.0hm^2 一盏。诱杀蚜虫、潜叶蝇及甜菜夜蛾等害虫。

5.4.3 黄色粘虫板

悬挂黄色粘虫板诱杀蚜虫和潜叶蝇。一般规格 30cm×20cm，每 667m^2 挂 30～40 块，悬挂于植株顶部 10～15cm 处。

5.5 生物防治

可用 1.5％除虫菊素水乳剂 2000 倍液喷雾防治潜叶蝇、蚜虫，用 0.3％苦参碱水剂 1000 倍液喷雾防治蚜虫、甜菜夜蛾，用 BT（200IU/mg）乳剂 200 倍液喷雾防治甜菜夜蛾等鳞翅目害虫。

5.6 化学防治

5.6.1 农药使用原则

适期用药，严格掌握安全间隔期。每种药一个生育期内限用 1 次。农药使用符合 NY/T 393 的要求。

5.6.2 霜霉病防治

发病初期，用 25％嘧菌酯水分散颗粒剂 1500 倍液，或 72％霜脲·锰锌可湿性粉剂 600～800 倍液喷雾。

5.6.3 蚜虫防治

可用 10％吡虫啉可湿性粉剂 2000～3000 倍液，或 25％噻虫嗪可湿性粉剂 3000～4000 倍液，或 4.5％高效氯氰菊酯乳油 1000～2000 倍液喷雾。

5.6.4 潜叶蝇防治

可用 2.5％高效氯氟氰菊酯乳油 2000 倍液，或 75％灭蝇胺可湿性粉剂 3000～5000 倍液，于成虫始发期喷雾。

5.6.5 甜菜夜蛾防治

在 2 龄幼虫始发期，选用 1％甲氨基阿维菌素乳油 2000 倍液，或 15％茚虫威悬浮剂 3000 倍液，或 20％氯虫苯甲酰胺悬浮剂 3000 倍液喷雾。

6 采收

在严格按照农药安全间隔期的前提下，适时采收。

7 生产档案

建立生产档案，详细记录产地环境、栽培技术、投入品使用、病虫害防治和采收各环节内容，并保存 3 年以上。

第 15 节 萝卜生产技术规程

1. 栽培茬次

（1）春萝卜 拱棚覆盖栽培，一般 2 月中旬播种，4 月中旬至 5 月上旬收获。露地栽培，一般 3 月下旬至 4 月上旬播种，5 月下旬至 6 月中旬收获。

（2）夏萝卜 6 月中旬播种，8 月中旬至 9 月上旬收获。

（3）秋萝卜 8 月中下旬播种，10 月下旬至 11 月上旬收获。

（4）秋冬萝卜 拱棚覆盖延迟栽培，10 月中旬播种，12 月下旬至 1 月下旬收获。

2.品种选择

春萝卜及秋冬萝卜宜选择早熟、耐抽薹、抗病性强、产量高的品种；夏萝卜及秋萝卜宜选择中晚熟、产量高、抗病性强的品种。

3.整地施肥

选择前茬未种过萝卜的地块，每亩撒施4立方米左右腐熟农家肥、氮磷钾三元复合肥（15-15-15）40～60kg，深翻30cm，耙平起垄，垄距65～70cm，垄高15～20cm，交错播种两行。

4.播种

萝卜栽培均为直播。在垄上按穴播种，穴距30cm，每穴播种3～5粒。播种深度以1.5～2.5cm为宜。

5.田间管理

（1）间苗定苗 子叶充分展开时进行第一次间苗，间去弱苗、畸形苗等；2～3片真叶时第二次间苗，每穴留苗2～3株；5～6片真叶时定苗，每穴留一株健壮、无病虫害、具本品种特性的苗。

（2）中耕除草与培土 结合间苗定苗进行中耕除草。中耕时先浅后深，避免伤根。第一、第二次间苗要浅耕，锄松表土，最后一次适当深耕，并扶垄培土。浇水及雨后及时中耕松土，直至封垄。

（3）浇水 播后浇透水，出苗前保持土壤湿润。苗期小水勤浇，勤划锄。叶生长盛期适当控制浇水，加强中耕松土。肉质根膨大期加大浇水量，并保持土壤湿润。雨后及时排出积水。收获前10d，停止浇水。

（4）追肥 定苗后，每亩追施尿素7.5～10kg。肉质根膨大盛期，结合浇水，每亩追施氮磷钾三元复合肥（15-15-15）15～20kg。

（5）温度管理 采用拱棚覆盖进行春早熟栽培和秋延迟栽培的，白天温度应控制在20～25℃，夜间在15℃左右，不得低于13℃。

6.病虫害防治

（1）防治原则 坚持"预防为主，综合防治"的植保方针，优先采用农业措施、物理措施和生物防治措施，科学合理地利用化学防治技术。

（2）主要病虫害　病毒病、霜霉病、黑腐病、软腐病、蚜虫、菜青虫、蟋蟀、地下害虫等。

（3）农业防治　选用高抗多抗品种；增施有机肥；勤除杂草；及时排涝，防止田间积水。

（4）物理防治　利用黄板诱杀蚜虫；杀虫灯诱杀害虫。

（5）生物防治　可用 0.6% 苦参碱水剂 2000 倍液，喷雾防治蚜虫。

（6）化学防治

① 防治原则。注意各种药剂交替使用，每种药剂在生长期内只允许使用一次。严格控制各种农药安全间隔期。

② 病毒病。及时防治蚜虫等传毒媒介。一旦发现病毒病，应拔除病株，并用 20% 病毒 A 可湿性粉剂 500 倍液，或 2% 宁南霉素水剂 200～250 倍液，喷雾防治。

③ 霜霉病。发病初期，可用 64% 噁霜灵锰锌可湿性粉剂 500 倍液，或 72.2% 霜霉威丙酰胺水剂 600～1000 倍液，或 68.5% 氟吡菌胺·双霉威盐酸盐（银发利）悬浮剂 1000～1500 倍液，或用 72% 克露（8% 的霜脲氰 + 64% 的代森锰锌）可湿性粉剂 600～800 倍液，喷雾防治。

④ 黑腐病。可用 68.75% 噁唑锰锌水分散粒剂 1000 倍液，或 80% 代森锰锌可湿性粉剂 600 倍液，或 55% 氟硅多菌灵可湿性粉剂 1000 倍液，或 50% 新植霉素或氯霉素 4000 倍液，或 77% 氢氧化铜（可杀得）可湿性粉剂 500 倍液，喷雾防治。

⑤ 软腐病。可用 3% 中生菌素可湿性粉剂 1000 倍液，或 0.15% 四霉素水剂 600 倍液，喷雾防治。也可用 90% 新植霉素可溶性粉剂 4000～5000 倍液，喷雾或灌根防治。

⑥ 蚜虫。可用 50% 吡蚜酮水分散粒剂 2500～3000 倍液，或 25% 噻虫嗪可湿性粉剂 1000 倍液，或 40% 啶虫脒水分散粒剂 1500 倍液，喷雾防治。

⑦ 菜青虫。每亩用 5% 氟虫氰（锐劲特）悬浮剂 15～20g，兑水喷雾防治，或在卵孵化盛期至 1～2 龄幼虫盛发期，用 5% 定虫

隆（抑太保）乳油 2000～4000 倍液，喷雾防治。

⑧ 蟋蟀、地下害虫。每亩用炒香的麦麸 2.5kg，加 90％敌百虫晶体 100g，制成毒饵，日落后放在植株 5～10cm 处诱杀。

7.采收

当肉质根充分膨大时，适时收获。

第16节　越夏萝卜生产技术规程

1.选地

以地势较高，排灌方便，土层深厚，土质疏松，富含有机质，保水、保肥性好的壤土为宜，避免与十字花科蔬菜连作。

2.选种

选用抗病、优质丰产、抗逆性强、适应性广、商品性好的露头青或热抗青品种。

3.整地

清洁田园，将田里的杂草和残株清理干净，深挖、打碎、耙平。基肥和追肥的比例为 7：3，基肥按照每 666.7m^2 菜田施入充分腐熟的有机肥 2500～5000kg、草本灰 50kg、过磷酸钙 25～30kg。

4.作畦

起垄栽培，垄高 20～30cm，垄间距 50～60cm，垄上种两行。

5.播种

（1）播种期　5 月中旬～6 月中旬均可播种。

（2）播种量　大个型品种，每 666.7m^2 0.5kg。

（3）播种方式　采用穴播或条播方式，播种时先浇水再播种后盖土。

（4）种植密度　行株距均为 20～30cm。

6.田间管理

（1）间苗定苗　子叶充分展开时进行，第一次间苗。2～3 片真叶时，第二次间苗；5～6 片真叶、肉质根破肚时，按规定的株距进行定苗。

（2）中耕除草与培土　结合间苗进行中耕除草。中耕时先浅后深，避免伤根。第一、二次间苗要浅耕，锄松表土；最后一次深耕，把畦沟的土壤培于畦面，防止倒苗。

（3）浇水

① 发芽期。播后要充分灌水，土壤有效含水量宜在 80％以上；干旱年份应采取"三水齐苗"，即播后一水，拱土一水，齐苗一水。防止高温发生病毒病。

② 幼苗期。苗期根浅，需水量小，应少浇勤浇。土壤有效含水量宜在 60％以上。

③ 叶生长盛期。此期叶数不断增加，叶面积逐渐增大，肉质根也开始膨大，此期需水量较大，但要适量灌溉，以防止地上部分生长过旺。

④ 肉质根膨大期。此期需水量最大，应充分均匀浇水，土壤有效含水量宜在 70％～80％以上，防止糠心和裂根。

（4）追肥　根据土壤肥力和生长状况确定追肥时间，一般在苗期、叶生长期和肉质根生长盛期分二次进行。苗期、叶生长盛期以追施氮肥为主，施入氮磷钾复合肥 10～15kg；肉质根生长盛期应多施磷钾肥，施入氮磷钾复合肥 30kg。收获前 20d 内不应使用速效氮肥。

7. 病虫害防治

（1）主要病虫害 软腐病、黑腐病、病毒病、霜霉病及黄条跳甲、蚜虫、菜青虫、小菜蛾、菜螟、甜菜夜蛾等。

（2）防治原则 坚持"预防为主，综合防治"的植保方针，以健身栽培为基础，优先采用农业、物理和生物防治措施，科学合理地利用化学防治技术，坚决不允许使用高毒、高残留农药，使用农药应按照产品标签规定，严格控制农药剂量（或浓度）、施药次数和严守安全间隔期。

（3）防治措施

① 农业防治。清洁田园，播种前深翻暴晒、增施有机肥、改良土壤；培育壮苗、健身栽培，提高作物抵抗病虫害的能力；勤除杂草，破坏病虫害孳生环境；合理布局，实行轮作倒茬。

② 物理防治。晒种、温烫浸种等高温处理种子，杀灭或者减少种传病害；使用防虫网防虫；利用频振式杀虫灯、黄蓝板、性诱剂诱杀害虫；使用糖醋液诱集夜蛾科害虫。

③ 生物防治。利用生物天敌、杀虫微生物、农用抗生素及其他生物防治剂控制病虫害。保护生态环境，利用害虫天敌捕杀害虫；利用苏云金杆菌防治菜青虫；利用苦楝、烟碱、苦参碱等植物源农药防治害虫；利用农用链霉素等抗生素防治软腐病、黑腐病。

④ 化学防治。采用高效、低毒、低残留的化学农药，科学合理的防治病虫害，对症下药，适期防治，严格遵守各类农药的安全间隔期。

a. 软腐病、黑腐病。发生病害的地块，要及时清除病株，并在发病中心及其周围撒施生石灰消毒。发病初期可用新植霉素灌根。

b. 病毒病。严格控制蚜虫、白粉虱和潜叶蝇的发生。发病初期或无病预防，可用 20％病毒 A500 倍液喷雾，每次间隔 7～10d 喷一次，连续 2～3 次。

c. 霜霉病。发病初期可用 80％代森锰锌可湿性粉剂 600～800 倍液喷雾防治。

d.黄条跳甲。可选用氯氟氰菊酯等喷雾防治。

e.蚜虫。可用 40％啶虫脒水分散粒剂 2500～3000 倍液喷雾防治。

f.菜青虫、小菜蛾、菜螟。可用 Bt、印楝油、高效氯氰菊酯等喷雾进行防治。

g.甜菜夜蛾。可用 0.3％印楝素乳油 1000 倍液喷雾防治。

8.收获

当叶色转淡、地下茎充分膨大、基部已圆时，及时采收。

第 17 节　胡萝卜生产技术操作规程

本规范规定了绿色胡萝卜的产地环境要求、生产技术措施、采收、包装及贮运。

本规范适用于绿色食品胡萝卜基地的生产。

1　产地环境条件

产地要远离有"工业三废"污染的区域，其环境条件应符合绿色食品产地环境的要求。生产场地应清洁卫生，地势平坦，排灌方便，土质疏松、肥沃、土层深厚，土壤以 pH5～8 的砂质壤土或壤土为宜。

2 生产管理

2.1 播前准备

2.1.1 品种选择

选择优质、抗病、耐热、早熟、冬性强的品种，如日本超级黑田五寸人参、红辉五寸等。

2.1.2 整地施肥

种植胡萝卜的地块应进行深耕翻 30cm。春茬须在年前晚秋进行，春季土壤解冻后浅耕保墒。

胡萝卜全生育期内需 N、K 肥较多，对 N、P、K 的吸收比例为 2.5：1：4。施肥量应根据土壤养分测定分析结果、胡萝卜需肥规律和肥料效应实行测土平衡施肥。一般每亩施腐熟有机肥 3000～4000kg、胡萝卜专用肥 30～40kg，普施后翻地，耙平后作垄。垄距 50～60cm，垄高 15～20cm，垄顶宽 25～30cm。

2.1.3 种子处理

秋作可直播；春作地温低，出苗慢，播种前进行浸种催芽较好。方法是：用 30～35℃ 的温水浸种 3～4h，捞出后用干净的湿布包好，置于 25～30℃ 下催芽 3～4d，待大部分种子的胚根露出种皮时，即可播种。

2.2 适时播种

2.2.1 播种时间

胡萝卜以露地栽培为主，春、秋栽培皆可。春茬于 3 月上旬～4 月上旬，当 10cm 地温稳定在 7～8℃ 时播种，6 月中旬前后收获。秋茬于 7 月中下旬以前播种，10 月中下旬收获。

2.2.2 播种技术

播种方法有开浅沟条播、穴播两种方法。

条播：沟深 2～3cm，播后覆土 1.5cm 左右。行距为 20cm。

穴播：穴深 2～3cm，穴距 8～10cm。

播种量：每亩 300g。

2.3 田间管理

春播：出苗前以提温保墒为主，保持土表湿润，一般不浇水，如土壤干旱，应适当浇水。

秋播：出苗前应以防涝保墒为主，保持土壤湿润。

2.3.1 间苗定苗

1～2 片真叶时第一次间苗，疏去弱苗和过密的苗；3～4 片真叶第二次间苗，苗距为 5～6cm；5～6 片真叶时定苗，苗距为 8～10cm。

2.3.2 中耕除草

第一次间苗后，在行间浅锄，除草保墒，促使幼苗生长。定苗后进行第二次中耕。

2.3.3 及时浇水

幼苗期前促后控，前期应及时浇水，坚持小水勤浇，使土壤经常保持湿润；后期适当控制浇水次数，以免浇水过多引起肉质根开裂。播种 60d 后，肉质根开始形成，要保证充足水分。收获前 10 天，停止浇水。

2.3.4 追肥

胡萝卜在生长期间共追 2～3 次肥。肉质根开始膨大时第一次追肥，15d 后第二次，再隔 15d 后第三次追肥。

3 病虫害防治

胡萝卜主要有黑腐病、黑斑病、细菌性软腐病、花叶病等；虫害主要有蚜虫等。防治方法应以预防为主，综合防治。优先采用农业防治、生态防治、生物防治、物理防治，配合科学的化学防治，以达到生产安全、优质的绿色食品胡萝卜的目的。严格禁止使用剧毒、高毒、高残留的化学农药，要严格按照《生产绿色食品农药使用准则》进行防治。

3.1 黑腐病和黑斑病

播种前用种子量 0.3% 的 50% 福美双、75% 百菌清、50% 扑海因可湿性粉剂拌种；发病初期喷洒 75% 百菌清可湿性粉剂 600 倍液，80% 喷克可湿性粉剂 600～650 倍液，50% 扑海因可湿性粉剂 1500 倍液，每 10d 一次，连续防治 2～3 次。

3.2 细菌性软腐病

与葱蒜类蔬菜轮作；整地时每 $666.7m^2$ 增施 $100\sim150kg$ 石灰，采用高垄栽培；雨后及时排出田间积水；发病初期喷洒 72% 农用硫酸链霉素可溶性粉剂 4000 倍液，或 77% 可杀得可湿性粉剂 500 倍液，每 10d 一次，连续防治 $2\sim3$ 次。

3.3 病毒病

及时防治蚜虫；生长期间满足肥水供应，促胡萝卜健壮生长，增强抗病力；发病初期喷洒 20% 病毒 A 可湿性粉剂 500 倍液进行防治。

3.4 蚜虫

用 10% 吡虫啉可湿性粉剂 2000 倍液喷雾防治。

4 收获

胡萝卜生育期一般为 $80\sim120d$。在肉质根基本长成、叶片不再生长后，可随时收获。收前 7 天，停止喷施化学药剂。

5 产品标志、包装、运输、贮藏

5.1 包装物上应标明绿色食品标志、产品名称、产品的标准编号、生产者名称、产地、规格、净含量和包装日期等。

5.2 包装（箱、筐、袋）要求大小一致、牢固。包装容器应保持干燥、清洁、无污染。塑料箱应符合相关标准的要求。

5.3 应按同一品种、同规格分别包装。每批产品包装规格、单位、质量应一致。每件包装的净含量不得超过 20kg，误差不超过 2%。

5.4 运输时做到轻装、轻卸、严防机械损伤。运输工具要清洁、无污染。运输中要注意防冻、防晒、防雨淋和通风换气。

5.5 临时储存应在阴凉、通风、清洁、卫生的条件下，按品种、规格分别贮藏，防雨淋、日晒、冻害、病虫害危害、机械损伤及有毒物质的污染。选择无病虫、无机械损伤、无腐烂的胡萝卜储存。秋胡萝卜可采用沟窖进行贮藏，适宜的贮藏温度为 $0\sim1℃$，空气相对湿度为 $90\%\sim95\%$；春、秋胡萝卜也可采用冷库贮藏，适宜的贮藏温度为 $0\sim3℃$，空气相对湿度为 $90\%\sim95\%$。

第18节 生姜生产操作规程

1 范围

本规程规定了华北平原地区绿色食品生姜生产的产地环境、品种选择、种姜处理、整地、播种、田间管理、采收、生产废弃物处理、分级包装、储藏运输和生产档案管理等。

本规程适用于河北、山东、河南的绿色食品生姜生产。

2 规范性引用文件

下列文件中的内容通过文中的规范性引用而构成本文件必不可少的条款。其中，注日期的引用文件，仅该日期对应的版本适用于本文件；不注日期的引用文件，其最新版本（包括所有的修改单）适用于本文件。

NY/T391 绿色食品产地环境质量

NY/T393 绿色食品农药使用准则

NY/T394 绿色食品肥料使用准则

NY/T658 绿色食品包装通用准则

NY/T1056 绿色食品储藏运输准则

NY/T2376 农产品等级规格姜

3　产地环境

产地环境应符合 NY/T391 的规定。基地应选在远离城市、工矿区及主要交通干线，避开工业和城市污染源的影响。地块应地势较高、平坦，地下水位较低，排灌方便。土壤应土层深厚、土质疏松，富含有机质，理化性状良好，近 2～3 年未种植生姜、茄科作物，以中性或微酸性砂质壤土和壤土为宜。

4　品种选择及种子处理

4.1　选择原则

选用抗逆性强、优质丰产、商品性好的品种。有条件的可选用脱毒姜种。

4.2　品种选用

应选择肥大丰满、皮色光亮、肉质新鲜、不干缩、不腐烂、质地硬、具有 1～2 个壮芽、重 50～75g、无病害的老姜作种姜。如华北平原地区可推荐选用济南大姜、莱芜大姜、莱芜片姜、昌邑娃娃姜、安丘大姜、山农一号生姜和河南生姜等。

4.3　种姜处理

4.3.1　晒姜种困姜

播种前 1 个月左右晒姜种，将选好的姜种摊放在日光下晒 1～2d，白天晾晒，晚上收回或保温覆盖，晒到表皮稍皱为止。晒姜之后应进行困姜，将种姜放置于室内，上覆草苫堆放 2～3d。

4.3.2　催芽

在温度 22～28℃，湿度 80％～85％条件下将姜种催芽。姜芽长度和粗度分别达到 1.0～1.5cm、0.5～1.0cm 即可用于播种。催好芽的姜种掰成 50～75g 重的姜块，每块姜种上保留 1 个壮芽，少数姜块也可保留 2 个壮芽，其余幼芽全部抹去，同时剔除（淘汰）幼芽基部发黑或断面褐变的姜块。按姜芽大小分级、分批播种。

5 大田准备

5.1 清洁田园

种植生姜的地块应在前茬作物收获后，及时清理田间植株残体，带出田外集中处理。

5.2 土壤消毒

线虫病发生严重的地块，应在生姜播种前 30d 进行土壤消毒，具体用药情况参照附录 A。

5.3 整地施基肥

种植生姜地块应深翻土壤 25cm 以上，冬天冻垡，春季及早整平耙实。整地前，应每亩撒施充分腐熟的优质有机肥 4000～5000kg，氮肥（N）20～30kg、磷肥（P_2O_5）10～15kg、钾肥（K_2O）25～30kg；适当补充硅、钙、铁、镁、硼等微量元素，每亩各施 1kg，耕入土壤。肥料施用应符合 NY/T394 的要求，以有机肥为主、化肥为辅；以底肥为主、追肥为辅。根据土壤供肥能力和土壤养分的平衡状况，以及气候栽培等因素，按照测土配方平衡施肥，做到氮、磷、钾及中、微量元素合理搭配。

6 播种

6.1 播种时间

华北地区生姜一般采用春播。根据气象条件和栽培模式，确定适宜的播种期。10cm 地温稳定在 15℃ 以上时即可播种。

6.2 播种密度

根据不同的品种、种块大小、土壤肥力和种植模式等因素确定合适的种植密度。一般行距 55～70cm，株距 20～25cm。

6.3 播种方法

播种方式为开沟播种，按 55～70cm 行距开播种沟，一般沟深为 25～30cm，沟底宽度为 13～20cm。播前浇透水，水渗下后，将姜种按株距排放在沟内，东西行向的，姜芽一律向南；南北行向的，姜芽一律向西，覆土 4～5cm。

6.4 覆膜除草

播种后，喷洒除草剂（附录 A），覆盖地膜。应选择晴天下种，覆土、浇水、扣膜一天完成。覆盖地膜时，尽量拉紧、拉直，并封严。华北地区一般采用露地覆膜栽培、小拱棚栽培、中拱棚栽培和大棚栽培等。

7 田间管理

7.1 破膜引苗、撤膜

生姜幼芽出土后，待苗与上端地膜接触时，及时打孔引出幼苗。撤膜时结合实际情况和生姜长势，当生姜达到头芽健壮，二芽、三芽出齐的标准时，选择阳光较弱的时间进行撤膜。

7.2 遮阴

姜苗长出3～4片叶时，使用透过率为的70%遮阳设施进行遮阴，可选择插姜草、条幅式遮阳网、条幅式打孔膜或高位棚室遮阳网等模式遮阴。8月上旬，生姜封垄后撤除遮阴物进行培土。

7.3 水分管理

生姜根系不发达，吸水能力差，生长过程中既怕旱又怕涝，灌溉水质应符合 NY/T391 规定。

生姜播种时浇透底水，出苗80%浇第一次水，幼苗期应根据天气和土壤墒情小水勤浇，保持土壤见干见湿。进入旺盛生长期后，土壤湿度应保持在田间最大持水量的80%为宜，视墒情一般每4～6d浇1次水，使土壤保持湿润状态。收获前3～4d需浇1次水，以便收获时姜块带潮湿泥土，有利下窖储藏。

整个生长期间若遇雨涝，应及时排水。

7.4 追肥

苗期、三杈期和根茎膨大期各追肥一次。苗高30cm，植株1～2分枝时，追施"壮苗肥"，每亩冲施氮肥（N）5～7.5kg。"三股杈"后，应进行第二次追肥，每亩可施氮磷钾（15-15-15）复合肥50kg，于姜苗一侧距植株15～20cm处开沟施入，然后覆土封沟，或结合灌水追施。当植株有6～8个分枝、根茎膨大期时，进行第三次追肥，每亩随水追施氮肥（N）、钾肥（K_2O）各10～12.5kg。

7.5 中耕与除草

在姜整个生育期，结合浇水，进行中耕、除草，一般除草 1～2 次、中耕 2 次。或进行化学除草（见附录 A）。

7.6 培土

姜生长过程中须进行多次培土，一般撤膜后进行第一次小培土，培土厚度一般为 5cm，撤除遮阴材料进行一次大培土。以后结合追肥和浇水进行培土，共培土 2～3 次。以新生分枝上的嫩姜不裸露为宜。

8 病虫草害防治

8.1 防治原则

坚持"预防为主、生物综合防治"的植保方针，以农业防治为基础，优先采用物理和生物防治技术，辅之化学防治措施。应使用高效、低毒、低残留农药品种，药剂选择和使用应符合 NY/T393 的要求。

8.2 常见病虫草害

华北平原地区主要病害有姜茎基腐病、姜瘟病、姜斑点病、姜炭疽病等；主要虫害为姜螟、小地老虎、蓟马、蚜虫、异形眼蕈蚊等；主要杂草有一年生阔叶杂草及禾本科杂草。

8.3 防治措施

8.3.1 农业防治

播种前施足基肥、增施磷钾肥，进行深耕晒垡，合理安排轮作换茬。选用抗病、耐病品种，有条件的可选用脱毒姜种。适期播种，覆盖地膜，密度适宜，水肥合理，精细管理和培育壮苗等。

及时清洁田园、减少病源。姜生长期及时拔除清理田间病株、病叶及其他植物残体，收获后将病株残体清出田外，集中进行无害化处理。

合理轮作换茬。应与非姜科、非茄科作物进行合理轮作，避免连作。

8.3.2　物理防治

色板诱杀，姜田悬挂蓝色粘虫板，每亩放置 20～25 块、规格为 20cm×25cm，诱杀对蓝色光有趋性的蓟马；悬挂黄色粘虫板（20cm×25cm）20～25 块/亩，诱杀对黄色有趋性的蚜虫。害虫发生初期开始悬挂，插杆竖向挂置，色板下沿高出姜植株顶部 15～20cm，随着姜生长及时调整色板高度，一般每 20～30d 更换 1 次粘虫板。

采用频振式太阳能杀虫灯诱杀地老虎、金龟子、姜螟、甜菜夜蛾等害虫，每 30～45 亩安装 1 盏，离地高度 1.2～1.5m。

采取地膜覆盖栽培，选用符合国家相关规定的标准厚度地膜或含阳光屏蔽剂的除草地膜。

用糖醋液（红糖：酒：醋＝2：1：4）诱杀地下害虫的成虫，使用防虫网阻隔害虫进入。

8.3.3　生物防治

积极保护利用自然天敌，防治病虫害，如在姜螟或姜弄蝶产卵始盛期和盛期释放赤眼蜂。

8.3.4　化学防治

根据生姜的病虫测报及时进行防治，若需使用化学农药，严格控制农药用量和安全间隔期，用药情况参照附录 A。

9　采收

应根据不同的品种适时采收，华北地区一般在霜降前后采收。用于加工的嫩姜，在旺盛生长期收获。鲜姜收获一般在初霜后植株顶部叶片枯黄时。收前 3～4d 浇小水使土壤充分湿润，采收时将姜株拔出或刨出，轻抖泥土，从地上茎基部以上 2cm 处削去茎秆，摘除根须后，即可入窖或出售。

10　生产废弃物的处理

生产过程中，农药、投入品等包装袋不要残留在田间，应及时清理、无害化处理。收获后清除植株残体，带出田间集中处理。绿色食品生产中应使用可降解地膜或无纺布地膜，减少对环境的危害。

11 分级包装

用于鲜食的生姜，应按 NY/T2376 进行等级分选。按规格等级分别包装，单位重量一致，大小规格一致，包装应符合 NY/T658 的规定。包装箱或包装袋要整洁、干燥、透气、无污染、无异味，绿色食品标志设计要规范，包装上应标明品名、品种、净含量、产地、经销单位和包装日期等。

12 储藏和运输

储藏运输应符合 NY/T1056 的规定。绿色食品姜应有专用区域储藏并有明显标识，禁止非绿色食品产品和绿色食品产品混存。不同等级的姜分别码放，冷库储藏的产品应经预冷后入库。适宜的储藏温度为 11～13℃，相对湿度 90%～95%。绿色食品运输应使用专用运输工具，在运输期间不允许使用化学药品保鲜。储藏场所和运输工具要清洁卫生、无异味，禁止与有毒、有异味的物品混放混运。

13 生产档案管理

建立并保存相关记录，为生产活动可溯源提供有效的证据。记录主要包括以病虫草害防治、土肥水管理、其他管理等为主的生产记录，包装、销售记录，以及产品销售后的申、投诉记录等。记录至少保存 3 年。

附录 A（资料性附录）

华北平原地区绿色食品生姜生产主要病虫草害防治推荐农药使用方案见附表 A.1。

附表 A.1 华北平原地区绿色食品生姜生产
主要病虫草害防治推荐农药使用方案

防治对象	防治时期	农药名称	使用剂量	使用方法	安全间隔期/d
一年生杂草	播后苗前	33%二甲戊灵乳油	130～150mL/亩	土壤喷雾	—
		240 克/升乙氧氟草醚乳油	40～50mL/亩	土壤喷雾	—

续表

防治对象	防治时期	农药名称	使用剂量	使用方法	安全间隔期/d
炭疽病	发病前或初期	25%吡唑醚菌酯悬浮剂	20～30mL/亩	喷雾	14
		250g/L嘧菌酯悬浮剂	40～60mL/亩	喷雾	14
叶枯病	发病前或初期	10%苯醚甲环唑水分散粒剂	30～60g/亩	喷雾	14
		70%甲基硫菌灵可湿性粉剂	30～57g/亩	喷雾	14
甜菜夜蛾	卵孵盛期～低龄幼虫期	5%甲氨基阿维菌素苯甲酸盐水分散粒剂	8～10g/亩	喷雾	14
		15%茚虫威悬浮剂	25～35mL/亩	喷雾	7
线虫	整地前	98%棉隆颗粒剂	30～45g/m²	土壤处理	—
根结线虫	移栽前	99%硫酰氟气体制剂	75～100g/m²	土壤熏蒸	7
姜瘟病	发病前	46%氢氧化铜水分散粒剂	1000～1500倍液	喷淋、灌根	28
姜蛆	储藏期	1%吡丙醚粉剂	1000～1500g/吨姜	撒施	180

注：农药使用应以最新版本NY/T393的规定为准。

第19节 结球甘蓝生产技术规程

1 栽培茬次

甘蓝喜温和气候，能抗严霜和较耐高温，幼苗能忍耐—15℃低温和35℃的高温。甘蓝为长日性作物，对光强适应性较宽。通过各种保护设施，可实现周年栽培。山东地区栽培，主要茬次有：

（1）春甘蓝 冬、春育苗，早春定植，春、夏收获。

（2）夏甘蓝 春季育苗，初夏定植，夏秋收获。

（3）秋甘蓝 夏季育苗，秋季定植，秋冬收获。

（4）冬甘蓝 夏秋育苗，秋季定植，冬春收获。

2 保护设施

大、中、小拱棚及防虫网等设施。

3 品种选择

（1）春甘蓝 选用冬性强、耐抽薹、生育期短、商品性好的早熟品种。

（2）夏甘蓝 选用耐热、抗病、耐涝、生育期较短、结球紧实、整齐度高的品种。

（3）秋甘蓝 秋甘蓝栽培早、中、晚熟品种均可采用，但生产上多选用优质高产、耐贮藏的中晚熟品种。

（4）越冬甘蓝 选用抗寒、耐低温能力强，冬性强，整齐度高的品种。

4 育苗

（1）育苗设施 可采用阳畦、拱棚等设施育苗。

（2）育苗方式 根据栽培季节和栽培方式，可在阳畦、中小拱棚、露地及防虫网育苗。提倡采用工厂化穴盘育苗。

（3）营养土配制 选用近三年未种过十字花科蔬菜的肥沃田土6份，加充分腐熟的圈肥4份配制营养土。每方营养土中加氮磷钾三元复合肥（15-15-15）1～1.5kg，50%多菌灵可湿性粉剂100g，充分混匀，盖膜闷制7～10d。然后装入育苗钵中，或直接铺到苗床上。

（4）种子处理 播种前5～6d，进行发芽试验，以确定播种量。一般用干种子直播。也可在播前用30℃温水浸种2h，不催芽。

（5）播种

① 播种期。塑料大棚早春多层覆盖栽培，阳畦育苗，11月中下旬至12月上旬播种；中小拱棚早春栽培，阳畦育苗，12月中旬播种；春露地栽培，阳畦育苗，1月上旬播种；夏季栽培，露地育苗，4月下旬至5月中旬分期播种；秋季露地栽培，遮阳网、防虫网棚育苗，7月上中旬播种；越冬栽培，露地育苗，8月上、中旬播种。

② 播种方法。育苗苗床浇足底水，水渗后覆一层细土（或掺有多菌灵等杀菌剂的药土），然后将种子均匀撒于床面，每平方米用种子2～3g，播种后覆盖1cm左右的细土。

（6）苗床管理 白天温度控制在20～25℃，夜间10～15℃。冬季育苗采取保温措施，适当控制浇水；夏季育苗采取遮阴防虫措施，根据墒情适当浇水，以免干旱影响幼苗生长。出苗后间苗1～2次。露地育苗若不分苗，须使苗距达5～6cm。

（7）定植苗标准 幼苗具5～6片真叶，生长健壮，叶片肥厚，根系发达，无病虫害。

5　整地做畦

结合整地，每亩施腐熟有机肥 4～5 方，氮磷钾三元复合肥（15-15-15）30～40kg。整地后做平畦，畦宽 1.5m 左右。

6　定植

（1）定植时间　越冬栽培，选晴天定植，保证在缓苗期有一段好天气。春露地栽培，一般 10cm 地温稳定在 8℃以上时定植。夏秋季栽培，选阴天或傍晚定植，并及时覆盖防虫网。定植后浇缓苗水。

（2）定植方法　春、冬一般采用平畦栽培，覆盖地膜；夏秋起垄栽培。

（3）定植密度　早熟品种，每亩定植 4500～5000 株；中熟品种，每亩定植 3000～4000 株；晚熟品种，每亩定植 1800～2200 株。

7　定植后管理

（1）春甘蓝　定植后 5～7d 浇一次缓苗水，连续中耕 2～3 次。定植 15d 后，每亩追施尿素 10～15kg，叶面喷施 0.2% 的硼砂溶液 1～2 次，促进莲座叶生长。植株开始结球时，每亩施氮磷钾三元复合肥（15-15-15）15～20kg，随后浇水。根据植株生长状况，中晚熟品种可再追肥 1～2 次。结球期间 5～6d 浇一水。

（2）夏甘蓝　定植 2～3d 后浇一次缓苗水，中耕。15d 后，结合浇水，每亩施氮磷钾三元复合肥（15-15-15）15～20kg，中耕 1～2 次。浇水应在早晨或傍晚进行。天气无雨时，4～5d 浇一水。热雨后浇井水，边浇边排。大雨后及时排水。结球前期和中期各追肥一次，每亩施氮磷钾三元复合肥（15-15-15）15～20kg。

（3）秋甘蓝　定植后立即浇水，3～5d 后再浇一水，保持土壤湿润。雨后及时排水。封垄前中耕 2～3 次，及时培土。缓苗后施"提苗肥"，每亩施尿素 10kg。结球初期和中期各追一次肥，结合浇水，每次每亩冲施氮磷钾三元复合肥（15-15-15）15～20kg。莲座期适当控制浇水，结球期及时浇水，保持土壤湿润，5～7d 浇一水，后期逐渐减少浇水。

（4）越冬甘蓝　莲座期和结球初期，结合浇水，每亩追施尿素10kg和氮磷钾三元复合肥（15-15-15）20kg。结球后，控制浇水。

8　病虫害防治

（1）防治原则　坚持"预防为主，综合防治"的植保方针，优先采用农业措施、物理措施和生物防治措施，科学合理地利用化学防治技术。

（2）主要病虫害　霜霉病、黑腐病、软腐病、菌核病、蚜虫、菜青虫、小菜蛾、白粉虱等。

（3）农业防治　选用高抗多抗品种；增施有机肥；勤除杂草；及时排涝，防止田间积水。

（4）生物防治　可用0.6%苦参碱水剂2000倍液喷雾防治蚜虫。

（5）化学防治

① 防治原则。注意各种药剂交替使用，每种药剂在生长期内只允许使用一次。严格控制各种农药安全间隔期。

② 霜霉病。发病初期，可用64%噁霜灵·锰锌可湿性粉剂500倍液，或72.2%霜霉威·丙酰胺水剂600～1000倍液，或68.5%氟吡菌胺·双霉威盐酸盐（银发利）悬浮剂1000～1500倍液，或72%克露（8%的霜脲氰＋64%的代森锰锌）可湿性粉剂600～800倍液，喷雾防治。

③ 黑腐病。可选用68.75%噁唑·锰锌水分散粒剂1000倍液，或80%代森锰锌可湿性粉剂600倍液，或55%氟硅多菌灵可湿性粉剂1000倍液，或50%新植霉素、氯霉素4000倍液，或77%氢氧化铜可湿性粉剂500倍液，喷雾防治。

④ 软腐病。可用3%中生菌素可湿性粉剂1000倍液，或0.15%四霉素水剂600倍液，喷雾防治。也可用90%新植霉素可溶性粉剂4000～5000倍液，喷雾或灌根防治。

⑤ 菌核病。发病初期，可用50%腐霉利可湿性粉剂800～1000倍液，或50%多霉灵可湿性粉剂600～800倍液，或50%多

霉清可湿性粉剂 600～800 倍液，或 40％菌核净可湿性粉剂 800 倍液，或 50％灭霉灵可湿性粉剂 600 倍液，喷雾防治。

⑥ 蚜虫。可用 50％吡蚜酮水分散粒剂 2500～3000 倍液，或 25％噻虫嗪可湿性粉剂 1000 倍液，或 40％啶虫脒水分散粒剂 1500 倍液，喷雾防治。

⑦ 菜青虫和小菜蛾。每亩用 5％氟虫氰（锐劲特）悬浮剂 15～20g，兑水喷雾防治。也可在卵孵化盛期至 1～2 龄幼虫盛发期，用 5％定虫隆（抑太保）乳油 2000～4000 倍液，喷雾防治。

⑧ 白粉虱 可用 50％吡蚜酮水分散粒剂 2500～3000 倍液，或用 25％灭螨猛乳油 1000 倍液，或 21％氰马乳油 4000 倍液，或 2.5％联苯菊酯乳油 3000～4000 倍液，喷雾防治。

9 采收

当叶球充分长成、包心结实时，适时收获。

第 20 节 青花菜生产操作规程

1 范围

本规程规定了华北及黄淮海中下游地区绿色食品青花菜的产地环境、品种选择、育苗、定植、田间管理、病虫害防治、采收、生产废弃物的处理、运输储藏及生产档案管理。

本规程适用于北京、天津、河北、山西、江苏、安徽、山东、河南的绿色食品青花菜生产。

2　规范性引用文件

下列文件对于本文件的应用是必不可少的。凡是注日期的引用文件，仅注日期的版本适用于本文件。凡是不注日期的引用文件，其最新版本（包括所有的修改单）适用于本文件。

NY/T 391　绿色食品产地环境质量

NY/T 393　绿色食品农药使用准则

NY/T 394　绿色食品肥料使用准则

NY/T 658　绿色食品包装通用准则

NY/T 746　绿色食品甘蓝类蔬菜

NY/T 1056　绿色食品储藏运输准则

NY/T 2118　蔬菜育苗基质

3　产地环境

产地环境应符合 NY/T 391 的规定。宜选择耕层深厚、排灌方便、疏松肥沃、pH5.5～8.0、2 年内未种植过十字花科作物的沙壤土或壤土田块。

4　品种选择

4.1　选择原则

选择优质、高产、抗病、抗逆、适应性好的品种。

4.2　品种选用

北京推荐选用"绿领"（秋栽用）、"中青 16 号"（春秋两用）等，天津推荐选用"中青 16 号"（春秋两用）、"领秀二号"（秋栽用）等，河北推荐选用"耐寒优秀"（春秋两用）、"炎秀"（秋栽用）等，山西推荐选用"耐寒优秀"（春秋两用）、"未来"（秋栽用）、绿宝石 90（秋栽用）等，江苏推荐选用"苏青 8 号"（春秋两用）、"久绿"（秋栽用）等，安徽推荐选用"耐寒优秀"（春秋两用）、"绿领"（秋栽用）等，山东推荐选用"耐寒优秀"（春秋两用）、"雅翠 60"（秋栽用）等，河南推荐选用"耐寒优秀"（春秋两用）、"中青 16 号"（春秋两用）、"未来"（秋栽用）。

4.3 种子质量

种子质量要求，纯度≥96％、净度≥98％、发芽率≥85％、水分≤7.0％。

5 育苗

5.1 播种期

根据栽培季节、育苗方法和适宜的壮苗指标选择合适的播种期。

春季栽培：北京、天津、河北、山西 2 月上旬～3 月上旬播种；山东 2 月中旬～3 月中旬播种；江苏、安徽、河南 1 月中旬～3 月上旬播种。

秋季栽培：北京、天津、河北、山西 6 月下旬～7 月中旬播种；山东 7 月播种；江苏、安徽、河南 7 月中旬～8 月上旬播种。

5.2 播种量

每亩栽培面积的用种量为 15～20g。

5.3 苗床准备

在温室、大棚内设置育苗床，冬春季节配套小拱棚等，夏秋季节配套遮阳网、防虫网等。

选用蔬菜育苗专用基质，质量应符合 NY/T 2118 的规定。育苗穴盘选用 72 孔或 105 孔规格。基质装盘后，置于育苗床上。

5.4 播种方法

育苗床浇足水，待水下渗后播种。每穴播 1 粒种子，覆盖 0.5～0.8cm 厚基质。

5.5 苗期管理

冬春季节，加强光照，多层覆盖控温育苗，保温覆盖物早揭晚盖；夏秋季节，适当遮阳控温育苗，防虫网防虫。利用通风、揭盖覆盖物等，调节温度、湿度、光照和气体。

出苗前，苗床温度维持 20～25℃。每天检查种子萌发情况。开始出苗时，及时揭除苗床表面覆盖薄膜。

出苗后的苗床温度控制，白天 20～25℃、夜间 13～18℃。

适当控制浇水，宁干勿湿。

定植前 5～7d，炼苗。

5.6 成苗标准

植株健壮，叶片肥厚，叶色浓绿，根系发达，无病虫害。

春季栽培，5～6 片真叶，苗龄 30～45d。秋季栽培，4～5 片真叶，苗龄 25～30d。

6 定植

6.1 定植期

春茬在定植地 10cm 处地温稳定超过 8℃、最低气温超过 5℃ 后定植。秋茬在播种后 25～30d 定植。

春季栽培：北京、天津、河北、山西 3 月下旬～4 月中上旬定植；山东 3 月中旬～4 月中旬定植；江苏、安徽、河南 3 月上旬～4 月上旬定植。

秋季栽培：北京、天津、河北、山西 7 月下旬～8 月上中旬定植；山东 8 月定植；江苏、安徽、河南 8 月中旬～9 月中上旬定植。

6.2 定植前准备

定植前 7～10d 施基肥，每亩施用经无害化处理的有机堆肥 1000～1500kg、三元复合肥（15-15-15）20～40kg。肥料的使用应符合 NY/T 394 的规定。

深翻 25～30cm，土肥混匀，打碎、整平。

做成宽 1.2～1.5m，沟宽 30～40cm 的栽培畦。畦面安装滴灌带，滴灌带铺设条数与青花菜定植行数一致，滴灌带位置以离青花菜秧苗根部 15cm 为宜。

6.3 移栽

秋季宜选择晴天傍晚或阴天定植。春季栽培应在冷空气过后定植。

在栽培畦上按 50～60cm 行距、40～50cm 株距挖定植穴，栽苗深度以盘苗的土面与畦面平齐为宜。每亩栽苗 2200～2800 株，栽苗后浇足水。

7　田间管理

7.1　灌溉

定植后 5～7d，浇一次水。莲座期，小水轻浇，保持土壤湿润。花球形成期，小水勤浇，春季栽培应保持 65%～70% 的土壤湿度，秋季栽培应保持 75%～80% 的土壤湿度。采收前 7～10d，停止浇水。高温季节，宜于早晨或傍晚浇水。雨天及时排水，避免田间积水。

7.2　追肥

追肥结合浇水。

莲座期每亩追施平衡型腐殖酸水溶肥（N-P-K 为 20-20-20）6kg，分两次施入，每次 3kg，每隔 7d 施肥 1 次；花球形成初期，每亩追施高钾型腐殖酸水溶肥（N-P-K 为 16-6-36）4～5kg，叶面喷施 0.1% 硼砂 1 次。花球形成中期，每亩追施高钾型腐殖酸水溶肥（N-P-K 为 16-6-36）5～7kg，叶面喷施 0.2% 硼砂 1 次。采收前 15d，停止追肥。

主侧花球兼收时，每次采收花球后应每亩追施三元复合肥（15-15-15）3～5kg。

7.3　中耕除草

植株封行前，结合浇水追肥，浅中耕 2～3 次，及时人工除草。

7.4　整枝

仅采收主花球时，及时摘除腋芽。主侧花球兼收时，选留健壮侧枝 4～5 个，其余摘除。及时摘除病叶、老叶。

8　病虫害防治

8.1　防治原则

预防为主，综合防治，优先采用农业防治、物理防治、生物防治，配合科学合理地进行化学防治。

8.2　常见病虫害

常见病害有霜霉病、软腐病和头腐病等。常见虫害有甜菜夜蛾、小菜蛾、菜青虫、黄条跳甲和蚜虫等。

8.3 防治措施

8.3.1 农业防治

合理轮作，选用抗性品种。创造适宜的生育环境，培育适龄壮苗，提高抗逆性。增施充分腐熟的有机肥，减少化肥用量。清洁田园，及时清除病叶、病株，集中销毁，降低病虫基数。

8.3.2 物理防治

土壤冻垡晒垡，阳光晒种，高温闷棚。防虫网阻隔，银膜避蚜，亩挂 25cm×30cm 黄板 30 块诱杀蚜虫、粉虱，亩挂 25cm×40cm 的蓝板 30 块诱杀蓟马，每 25 亩设置一盏诱虫灯。

8.3.3 生物防治

积极保护利用天敌，防治病虫害，如用瓢虫、丽蚜小蜂防治蚜虫，使用苦参碱等植物源农药和杆状病毒等生物源农药防治病虫害。

8.3.4 化学防治

农药的使用应符合 NY/T 393 的规定。防治方法参见附录 A。

9 采收

花球形成、花蕾充分长大但尚未露冠时，及时采收。

春季栽培：北京、天津、河北、山西 5 月下旬～6 月下旬采收；山东 5 月中旬～6 月下旬采收；江苏、安徽、河南 5 月上旬～6 月中下旬采收。

秋季栽培：北京、天津、河北、山西 10～11 月采收；山东 9 月下旬～11 月上旬采收；江苏、安徽、河南 10 月上旬～11 月中旬采收。

收获时，将花球连同 8～10cm 长的肥嫩花茎一起割下，轻拿轻放，及时预冷、修整，剔除具有散花、病虫为害和机械损伤等缺陷产品包装。

包装宜采用纸箱或塑料筐，并按照品种、花球的大小和坚实度进行分级包装。同一件包装内的产品应摆放整齐紧密且规格相同。

每批产品所用的包装、单位质量应一致，每一包装上应标明产品名称、产品的标准编码、商标、生产单位（或企业）名称、详细地址、产地、规格、净含量、包装日期、安全认证标志和认证号等，标签上的字迹应清晰、完整、准确。

产品质量应符合 NY/T 746 的规定，包装应符合 NY/T 658。

10 生产废弃物的处理

及时清理废旧地膜、农药及肥料包装等，统一回收并交由专业公司处理，不得残留在田间。

植株残体宜采用高温发酵堆沤或移动式臭氧农业垃圾处理车等无害化技术处理。

11 运输储藏

应符合 NY/T1056 的规定。运输工具应有控温、控湿措施，运输过程中要定期检查产品环境的温湿度，以保持绿色青花菜品质所需适宜温湿度，并注意防冻、防晒、防雨淋等。

储藏库应具有防虫、防鼠功能，且事先进行消毒。储藏时应按品种、规格分别储存。储藏时温度应保持在 0～1℃，空气相对湿度保持在 90%～95%。

库内堆码应保证空气流通。在入储前必须保证花球无游离水分，储藏过程中应避免凝结水落在花球上，防止花球霉烂。

12 生产档案管理

应建立质量追溯体系，建立产品生产档案，详细记录产地环境条件、生产管理、病虫草害防治、采收及采后处理、废弃物处理记录等情况，并保存记录 3 年以上。

附录 A（资料性附录）

华北及黄淮海中下游地区绿色食品青花菜生产主要病虫草害防治推荐农药使用方案见附表 A.1。

附表 A.1 华北及黄淮海中下游地区绿色食品青花菜生产
主要病虫草害防治推荐农药使用方案

防治对象	防治时期	农药名称	使用量	使用方法	安全间隔期/d
霜霉病	发生初期	66.5%霜霉威盐酸盐水剂	80～100mL/亩	喷雾	10
		50%烯酰吗啉可湿性粉剂	30～50g/亩	喷雾	10

续表

防治对象	防治时期	农药名称	使用量	使用方法	安全间隔期/d
软腐病	发病初期	5%大蒜素微乳剂	60～80g/亩	喷雾	—
头腐病	发生初期	20%噻唑锌悬浮剂	100～150mL/亩	喷雾	7
甜菜夜蛾	卵孵化高峰期	30亿PIB/mL甜菜夜蛾核型多角体病毒悬浮剂	20～30mL/亩	喷雾	—
	发生期	150g/L茚虫威悬浮剂	10～18mL/亩	喷雾	3
小菜蛾	低龄若虫盛发期	5%多杀霉素悬浮剂	20～30g/亩	喷雾	5
	卵孵化盛期或幼虫期	2%甲氨基阿维菌素苯甲酸盐乳油	5～7g/亩	喷雾	3
菜青虫	幼虫期	0.4%蛇床子素乳油	80～120g/亩	喷雾	—
	幼虫1～3龄发生盛期	4.5%高效氯氰菊酯乳油	30～40mL/亩	喷雾	7
黄条跳甲	初盛期	0.3%苦皮藤素水乳剂	100～120mL/亩	喷雾	—
	孵化初期或发生高峰期	5%啶虫脒可湿性粉剂	30～40g/亩	喷雾	5
蚜虫	始盛期	5%桉油精可溶液剂	70～100g/亩	喷雾	7
	低龄若蚜发生初盛期	3%啶虫脒微乳剂	30～50mL/亩	喷雾	7
	始盛期	10%吡虫啉可湿性粉剂	10～20g/亩	喷雾	14

注：农药使用应以最新版本NY/T393的规定为准。

第 21 节　马铃薯生产技术规程

1　栽培茬次

山东是马铃薯二季作地区，主要茬次包括春茬和秋茬。

（1）春茬

① 三膜覆盖栽培　塑料大拱棚内扣小拱棚加盖地膜的三膜覆盖栽培，一般 12 月中下旬催芽，翌年 1 月底 2 月初播种，4 月下旬上市。

② 双膜覆盖栽培　塑料拱棚加盖地膜的双膜覆盖栽培，一般 1 月上旬催芽，2 月中下旬播种，5 月上中旬上市。

③ 地膜覆盖栽培　地膜覆盖栽培，一般 2 月上旬催芽，3 月初播种，5 月底 6 月初上市。

（2）秋茬　7 月中下旬催芽，8 月上中旬播种，10 月下旬至 11 月上旬上市。覆盖拱棚的秋延迟栽培，播种时间可推迟到 8 月 20 日左右，11 月中下旬上市。

2　品种选择

选用高产、抗病性强、商品性好的早熟脱毒种薯。

3 种薯处理

（1）晒种 选晴天连续晒种 2～3d，剔除烂种。春季晒种注意防冻，秋季晒种避免强光直射。

（2）切块 切块时充分利用顶端优势，螺旋式向顶端斜切，每块种薯应有 1～2 个芽眼，每块 25g 左右。小于 50g 的种薯可不切块。每切完一个种薯，切刀用 75％酒精消毒。

（3）药剂拌种 可用甲基硫菌灵 50％胶悬剂 60g＋丙森锌 70％可湿性粉剂 50g 与 2kg 滑石粉混匀，与 100kg 种薯切块轻微搅拌，每块种薯都蘸上药粉。

（4）催芽 采用层积法进行催芽。一层湿沙一层薯块，共堆放 4～5 层，上部用湿沙覆盖。春季催芽在 15～18℃ 的温暖处，秋季催芽于阴凉处以避高温。为了打破休眠，促进发芽，切块后用 1～2mg/kg 赤霉素溶液浸种 8～10min。

（5）晾芽 当薯芽长到 1.5～2cm 时扒出晾芽，温度控制在 10～15℃，晾芽 3～5d，使芽变绿变粗。

4 整地施肥起垄

结合耕地，每亩铺施充分腐熟的农家肥 4～5 立方，深耕 25～30cm，耙细耙匀，整平起垄，垄高 20cm 左右，垄宽 50cm。也可施用商品有机肥 150～200kg，一半铺施一半沟施。播种时，每亩沟施氮磷钾三元复合肥（15-12-18）100～120kg、硼砂 1kg、硫酸锌 1kg。

5 播种

双行栽培，小行距 20cm，大行距 75～80cm，株距 20～25cm。春茬栽培，开 8～10cm 深的沟，结合开沟，将化肥、微肥施于沟底，覆土后播种，耧平，覆地膜。秋茬栽培，最好在上午 10 点以前或下午 4 点以后播种，以防土温过高种薯腐烂。开沟深 3～5cm，播种后覆土起垄，种薯至垄顶覆土 10cm 左右。也可将肥料在播种时集中穴施。

6 田间管理

（1）拱棚栽培

① 温度管理。白天控制在 20～26℃，夜晚 12～14℃。前期可

在中午开小口通风，随外界气温的升高而逐步加大通风量。3月中下旬开棚两端通风。4月中旬，由半揭膜到全揭膜，由白天揭膜晚上盖直至撤棚。当外界最低气温稳定在10℃以上时，可撤膜。苗期注意预防倒春寒。

② 水分管理。根据天气情况和土壤墒情，一般于出苗后、团棵期、封垄后各浇一次水，结薯期小水勤浇，保持土壤湿润。浇水不可大水漫灌，浇至垄高1/3～1/2为宜。收获前7天停止浇水。

③ 适时追肥。薯块膨大初期随水冲施尿素10kg、硫酸钾10kg，也可在膨大期用0.3％磷酸二氢钾连喷3～4次，间隔5～6d。

（2）地膜栽培

① 播种至现蕾期。出苗前以保温增温为重点，一般不浇水、不施肥。如需浇水，水量宜小，以防烂种。出苗后及时破膜放苗。团棵至现蕾期小水勤浇，以水促肥。

② 结薯期。适当浇水，不得大水漫灌，保持垄土湿润。遇雨及时排水。收获前5～7d停止浇水。薯块膨大初期可随水冲施10kg的尿素、10kg的硫酸钾，也可在马铃薯膨大期连喷3～4次叶面肥，间隔5～6d。

（3）秋茬马铃薯

① 播种至现蕾期　若土壤干旱应及时浇水，降低土壤温度。雨后及时排出田间积水、划锄松土。一般于4～5片叶和株高25～30cm时进行中耕培土扶垄。

② 结薯期　适当浇水，不得大水漫灌，保持垄土湿润。遇雨及时排水。结合第一次中耕扶垄，每亩追施尿素10kg、硫酸钾10kg；结合第二次扶垄，追施尿素10kg、硫酸钾10kg。可在马铃薯膨大期喷施2～3次0.3％磷酸二氢钾的叶面肥，间隔5～6d。

7　病虫害防治

（1）防治原则　按照"预防为主、综合防治"的植保方针，坚持农业防治、物理防治、生物防治为主，化学防治为辅。

（2）主要病虫害　早疫病、晚疫病、病毒病、蚜虫、蛴螬、地老虎等。

（3）农业防治 与非茄科作物进行 2～3 年的轮作；选用脱毒种薯；严格切刀消毒；控制好温度和湿度，不得大水漫灌，雨后及时排水。

（4）物理防治

① 黄板诱杀 每亩悬挂 20cm×30cm 的黄板 20～30 块诱杀蚜虫、粉虱等。

② 杀虫灯诱杀 利用电子杀虫灯诱杀鞘翅目、鳞翅目等害虫。杀虫灯悬挂高度一般为灯的底端离地 1.2～1.5m，每盏灯控制面积一般在 20～30 亩。

（5）生物防治

① 天敌。保护利用七星瓢虫、龟纹瓢虫等天敌防治蚜虫。

② 生物药剂。用 72％的农用硫酸链霉素可湿性粉剂 3000～4000 倍液防治细菌性病害；用 Bt（200IU/kg）乳剂 200 倍液喷雾，或用 10％的浏阳霉素乳油 1000～1500 倍液，或用 1％苦参碱水剂 600 倍液喷雾防治螨类害虫；可用 0.5％印棟素乳油 600～800 倍液喷雾防治蚜虫、白粉虱。

（6）化学防治

① 晚疫病。可用 50％氟啶胺悬浮剂 2000～2500 倍液，或 68.75％氟吡菌胺·霜霉威悬浮剂 800～1000 倍液，或 70％代森锰锌 500 倍液，喷雾防治。

② 蚜虫、螨虫。可用 50％吡蚜酮水分散粒剂 2500～3000 倍液，或 25％噻虫嗪水分散粒剂 2500～3000 倍液，或 40％啶虫脒水分散粒剂 1000～2000 倍液，喷雾防治。保护地栽培也可每亩用 20％异丙威烟剂 500～600g 熏棚防治。

③ 蛴螬、地老虎。每亩用 3％辛硫磷颗粒剂 2～3kg 拌药土防治。

8 收获

适时收获，具体时间视价格、产量而定。秋季应尽量延长生长时间，在不使产品受冻的前提下，直至地上部叶片枯死，再利用晴天抓紧收获。收获时轻拿、轻放，防止碰伤。

第22节 芋头生产技术规程

1 范围

本标准规定了绿色食品芋头产地环境条件、栽培技术、病虫害防治、采收及生产档案。

本标准适用于山东省绿色食品芋头的生产。

2 规范性引用文件

下列文件对于本文件的应用是必不可少的。凡是注日期的引用文件，仅所注日期的版本适用于本文件。凡是不注日期的引用文件，其最新版本（包括所有的修改单）适用于本文件。

NY/T391 绿色食品 产地环境技术条件

NY/T393 绿色食品 农药使用准则

NY/T394 绿色食品 肥料使用准则

NY 525 有机肥料

3 产地环境条件

选择肥沃、疏松，富含有机质，地下水位低，排灌方便，中性或微酸性土壤,环境条件应符合 NY/T391 的规定。

4 栽培技术

4.1 选种

选择抗病、优质、高产的品种,从无病虫害的地块选择健壮植株母芋中部的子芋作种,要求顶芽充实、完整,球茎粗壮饱满,大小一致,单个芋块重 30g 左右。每 667m² 用种量 100kg 左右。把选好的种芋堆放在通风阴凉背阴处,防止暴晒。11月上旬气温下降以后,将种芋装袋储存在 13~15℃ 环境下,避免种芋受冻。

4.2 催芽

一般在栽前 20~30d 进行。在背风、向阳、排水良好的地块建立育苗床,床土深 8~10cm,盖以塑料薄膜,保持 20~25℃ 及适当的湿度。当芽长 4cm 以上,露地无霜冻时及早栽植于大田中。

4.3 整地施肥

深耕 30cm,耙细,整平,每 667m² 施优质商品有机肥 800~1000kg,硫酸钾复合肥 60kg。施肥按照 NY/T394 的规定执行,有机肥符合 NY525 的要求。

4.4 播种

4.4.1 播种时间

小拱棚栽培多在 4 月上旬栽种。露地栽培应在 5 月 1 日前后下种。在春季不受冻的情况下,越早栽培越好。

4.4.2 播种方法

开沟栽培,行距 80cm,株距 25cm,沟深 12cm。覆土厚度以种芽微露为宜。

4.5 田间管理

4.5.1 追肥

地上部分旺盛生长期,结合浇水和中耕培土,分别于长出 5~6 片叶、8~10 片叶时,每 667m² 追施硫基氮磷钾复合肥(16-8-16)15kg,共追 2 次。

4.5.2 浇水

芋头喜湿不耐旱,整个生长期,宜保持土壤湿润。高温季节浇水宜在早晚进行，汛期遇涝渍及时排水。

4.5.3 培土除草

培土一般在 6 月～7 月中旬，结合中耕分 3 次进行。培土深度 10～15cm。每次培土，要使植株四周土壤厚度均匀，分生子芋较多的品种，应在中耕时将多余的分生叶簇折倒，掩埋于土中，以防过多消耗营养，影响地下子芋生长。覆膜田，拔除行与行之间的杂草。

5 病虫害防治

5.1 主要病虫害种类

主要病虫害有疫病、软腐病、蚜虫、地下害虫。

5.2 防治原则

按照"预防为主、综合防治"的植保方针，坚持"以农业防治、物理防治、生物防治为主，化学防治为辅"的原则。化学防治时，选择在农业农村部农药检定所已登记的药剂，适期用药，交替轮换用药，并严格掌握安全间隔期。每种药一个生育期内限用 1 次。农药使用符合 NY/T 393 的要求。

5.3 农业防治

种植抗病品种；和非天南星科作物轮作，最好水旱轮作；及时清除植株病残体及田间杂草；深翻地灭茬、晒土；密度适宜，防止株间郁蔽高湿。

5.4 物理防治

5.4.1 杀虫灯

悬挂在离地面 1.2～1.5m 处，设置密度一般为每 1.3～2.0hm^2 一盏。诱杀蚜虫及鞘翅目、鳞翅目等害虫。

5.4.2 黄板

悬挂黄色粘虫板诱杀蚜虫。一般规格 30cm×20cm，每 667m^2 挂 30～40 块，悬挂于植株顶部 10～15cm 处。

5.5 化学防治

可选用大功率脉冲动力喷雾机或电动弥雾机喷洒农药，增强防治效果。具体防治方法参见附录 A。

6 采收

霜降前后，芋叶变黄枯败时，适时采收。收获前 10d 停止浇水，选晴天土壤干松时进行，除去泥土、根毛、叶柄，剥离子芋。

7 生产档案

建立生产档案，详细记录产地环境、栽培技术、投入品使用、病虫害防治和采收各环节内容，并保存 3 年以上。

附录 A 绿色食品芋头病虫害化学防治方法（资料性附录）

绿色食品芋头病虫害化学防治方法参见附表 A.1。

附表 A.1 绿色食品芋头病虫害化学防治方法

防治对象	防治时期	农药名称	使用剂量	施药方法	安全间隔期天数/d
疫病	发病初期	25%醚菌酯悬浮剂	$45\sim60mL/667m^2$	喷雾	45
软腐病	发病初期	40%噻唑锌悬浮剂	$600\sim800$ 倍液	喷淋或喷雾	14
		20%噻森铜悬浮剂	$300\sim500$ 倍液	喷雾	14
蚜虫	发病初期	20%氰戊菊酯乳油	$20\sim40mL/667m^2$	喷雾	5（夏）、12（秋冬）
		20%哒嗪硫磷乳油	$500\sim1000$ 倍液	喷雾	10
		45%马拉硫磷乳油	$83\sim111mL/667m^2$	喷雾	14
地下害虫	播种时	3%辛硫磷颗粒剂	$4000\sim8333g/667m^2$	沟施	1 次

第 23 节　水培蒜黄生产技术规程

1　范围

本标准规定了 A 级绿色食品水培蒜黄生产的产地环境条件、栽培设施、栽培管理、收获、储存等技术。

本标准适用于山东省 A 级绿色食品水培蒜黄的生产。

2　规范性引用文件

下列文件中的条款通过本标准的引用而成为本标准的条款。凡是注日期的引用文件，其随后所有的修改单（不包括勘误的内容）或修订版均不适用于本标准，然而，鼓励根据本标准达成协议的各方研究是否可使用这些文件的最新版本，凡是不注日期的引用文件，其最新版本适用于本标准。

NY/T 391　绿色食品　产地环境技术条件

3　术语和定义

下列术语和定义适用于本标准。

3.1　水培蒜黄

利用温度适宜的水床，用大蒜鳞茎在避光条件下进行软化栽培形成的黄色蒜苗。

4 产地环境条件

选择能够提供温度适宜的清洁水源，便于建造栽培窖的场地。基地应远离工矿区和公路、铁路干线，避开工业和城市污染源，环境条件应符合 NY/T 391 的要求。

5 生产季节

水培蒜黄生产一般从秋末至春初（10 月中旬至翌年 3 月底）。

6 栽培窖

一般窖长 10～15m、宽 3～3.5m。四周用空心砖或用编织袋装沙石垒砌窖墙，墙高 1.2～1.4m。窖内地面（床面）建成 0.5%～1% 的坡度，夯实（可用水泥抹平），铺一层塑料薄膜，薄膜四周高出床面 20cm，并固定在墙上。在栽培床较高的一端留进水孔，进水孔高于床面 10cm；另一端设同样粗的出水孔，出水孔和床面齐平。

7 水源

蒜黄生长的最适温度为 12～16℃。水源可来自山区砂石河滩岸旁的泉水（温度一般 13～16℃），太阳能热水器加热出来的热水与冷水混合后形成的温水等。

在砂石河滩岸旁，选择地势平坦的地方挖水井，储存泉水，井深一般 9～10m。

太阳能热水器，一般每 666.7m^2 水床需安装长 1.5m、直径 47mm 的太阳能真空管 360 支。

8 品种、种蒜选择

根据不同品种的休眠特性，早期（10～11 月）栽培宜选用休眠期短的品种，中后期则应选用休眠期长的品种。不得使用转基因大蒜品种。

选择蒜瓣大而硬、均匀、无病虫害、无损伤的蒜头作蒜种，不得使用辐射处理或用保鲜剂处理过的蒜头。

9 种蒜处理

早期栽培的，如果选用休眠期长的品种，应在 0～4℃ 条件下进行低温处理 20d，以打破休眠。

剥去蒜头外皮，用水浸泡 10～12h，使蒜种充分吸水。捞出后沥去水分，用细竹签挖掉蒜头的干茎盘和残留的花苔，但不可把蒜头弄散。

10　播种（栽蒜头）

从栽培窖的出水口一端开始排放蒜头，一直排满床面，随排随用小木板轻轻压一下，以便整齐一致。排放时要注意使其相互靠近，以利密植和收割。一般每平方米栽培床需蒜种 15～20kg。

11　播（栽）后管理

11.1　避光、保温

在窖墙顶部每隔 60cm 左右横放一根木杆，木杆上垂直排放 20～30cm 厚的玉米秸，空隙用麦穰填满，再均匀覆一层麦穰，使二者的厚度达到 30～35cm，最后覆盖白色塑料薄膜。以后随着气温降低，塑料薄膜上面还可再加盖废弃的蒜根等覆盖物。覆盖时需在栽培窖一侧两端上方各留一个 60cm 见方的窖口，供管理人员进出之用。出入栽培窖后，窖口应及时盖严保温、避光。

11.2　水分管理

浇水时，让水在栽培床面上均匀缓慢流动，当出水口有水均匀流出时停止浇水。水量大小，前期以浸过蒜瓣高度的 1/2 为宜，若水层过深易将蒜头漂起；中后期以漫过蒜头为宜。前期需水量小，每 1～2d 浇水一次；中后期需水量大，每天可浇水 2～3次。注意经常检查进水孔和出水孔是否被堵塞，防止床内积水或断水。根据蒜黄的上市行情，可通过增减浇水次数调节蒜黄的上市期。

12　收获

蒜黄长到 40～50cm 时，即可从蒜瓣顶部收割，生长期大约 20d。收割的蒜黄可趁中午光线较强时晾晒约 0.5h，使蒜黄变成金黄色，再捆扎销售。收割后的蒜黄不允许再在水中浸泡。

收割完毕，将废蒜头、蒜皮、烂叶等清理出去，用水将床面冲刷干净，然后再排放下一茬蒜种。

13 储存

蒜黄不宜长期储存，临时储存应保持清洁、卫生，防止二次污染。

第 24 节 山东夏季香菇生产简明技术规程

1 栽培设施条件

夏季香菇可采用简易荫棚或林地拱棚设施栽培，要求环境清洁、空气清新、水源充足、水质优良、土壤无污染、地势平坦、排水畅通和便于生产操作，利于控温、保湿和防治病虫害，林间郁闭度在 0.7 左右。菇场安装喷水管道装置。

2 栽培季节安排

山东夏季香菇栽培，宜于 8 月中下旬培养母种，9 月培养原种，10～11 月培养栽培种，12 月至翌年 3 月培养菌棒，4 月下旬至 11 月上旬出菇。

3 品种选用及菌种质量要求

选用适于山东省栽培，出菇及转潮快、抗杂抗逆性强、优质、高产，经省级以上农作物品种审定委员会审（认）定的耐高温香菇品种，从具相应资质的供种单位引种。使用转基因技术育成的香菇菌种，必须按照国家有关规定执行。

4 栽培基质

4.1 主辅原料

可利用的栽培原料有：柞木、果树木木屑及其他阔叶树木屑，玉米芯，麦麸，玉米粉等。主辅原料要求干燥、纯净、无霉、无虫、不结块、无污染物，防止有毒有害物质混入。

4.2 覆土材料

要求结构疏松，孔隙度大，通气性和持水性好，有一定团粒结构，土粒直径以 0.5~2cm 为宜，不含杂菌，无虫螨，pH7.0~7.5。

4.3 生产用水

培养料配制用水和出菇管理用水应符合生活饮用水卫生标准的要求。喷水中不得加入药剂、肥料或成分不明的物质。

4.4 肥料及添加剂

培养料可选用：蔗糖、尿素、硫酸铵、过磷酸钙、磷酸二氢钾、石膏粉、轻质碳酸钙、硫酸镁等作为添加剂。

5 生产技术

5.1 培养料配方

夏季香菇栽培料配方宜选用以下配方。

配方 1：木屑 78%，麦麸 20%，石膏粉 1%，蔗糖 1%。

配方 2：玉米芯 47%，木屑 32%，麦麸 18%，石膏粉 1%，蔗糖 1%，尿素 0.2%，磷酸二氢钾 0.5%，硫酸镁 0.3%。

配方 3：木屑 75%，麦麸 18%，玉米粉 6%，石膏粉 1%。

以上配方料水比为 1+1.4~1+1.5，pH 值调至 6.5~7.0。

5.2 拌料装袋

培养料按配方要求，将石膏粉、蔗糖等溶于水中，加入料中拌混均匀。采用 18cm×55cm×0.005cm 规格的高密度聚乙烯筒膜装袋，用 20cm×58cm×0.001cm 聚乙烯筒膜作套袋。

5.3　灭菌和接种

装袋后，及时进锅灭菌。常压蒸汽灭菌锅内达到 100℃，保持 18h。锅内温度降至 50℃ 以下时出锅。当袋温降到 30℃ 以下时，及时接种。

5.4　发菌培养发菌场所

要求清洁、干燥、通风、避光，温度控制在 18～25℃。采取"井"字形叠放 10 层左右发菌。当接种穴菌种萌发直径达 5cm 时，将菌袋倒推一次。当菌丝直径达 8～10cm 时，脱去套袋，促其生长。菌丝发满袋后，进行刺孔处理，深度 1.5cm，每袋 20～25 个，并加强通风管理。当菌棒表面变软、局部出现红褐色时，可将菌袋移至出菇场地，准备出菇管理。

5.5　出菇管理

（1）出菇方式　夏季香菇出菇方式可采取地畦菌棒平排半覆土出菇模式。

（2）覆土转色　将菌袋脱去塑料膜，平排于畦内，菌棒间隔 1cm 左右，然后将消毒处理过的土壤均匀覆盖在菌棒表面，覆土厚度 2～3cm。将菇棚四周封严，经 7d 左右，开始浇水，使菌棒表面的覆土沉积于间隙中，以菌棒表面露出土层 4cm 左右宽度为宜。转色温度以 15～22℃ 为宜，可采取增加通风和喷水等措施，加快转色。

（3）催蕾管理　转色后停水 5d 左右，采用干湿交替法催蕾，以菇棚温度 15～25℃，空气相对湿度 80%～85% 为宜。不宜采用菌棒敲击振动法催蕾。

（4）出菇前期（4～6 月）管理　菇蕾形成后，拱棚两端高挂薄膜，适度通风，根据气温回升变化，每天用喷淋装置喷水 3～5次，当菌棒含水量降低时，菌畦四周水沟内可充满水，正常情况下保持半沟水。将菇棚内温度控制在 26℃ 以下，对密集丛生的菇蕾应及早疏蕾。采收完一潮菇后，进行养菌，将畦沟内水排干，对菌棒之间的空隙补土并喷水保湿，防止地下菇发生。养菌 10～15d，将畦沟内灌满水，加强畦面喷水，每天喷淋 4～5 次，进行二潮菇催蕾，菇蕾发生后按第一潮菇管理方法进行出菇管理。

（5）出菇中期（7～8 月）管理　针对高温多雨气候特点，保持菌棒静止不动，防止绿霉菌烂筒病及螨虫发生，进行越夏管理。气温较高时，在中午前后拱棚薄膜上面遮盖草帘，并喷水降温，同时减少畦沟内的水量，早晚气温较低时加强通风，降低畦床土壤含水量，保持菌棒表皮适度湿软。发现畦床菌棒有霉菌污染，及时用生石灰粉覆盖霉菌斑，定期对菇棚周围地面环境喷洒杀螨杀虫剂。

（6）出菇后期（9～11 月）管理　控制棚内温度在 28℃以下，畦床表面适量补土浇水充实，在菌棒上用尖头细竹签刺孔，并轻轻拍打催蕾，然后增加喷水，将畦沟内灌满水，并通过通风，拉大昼夜温差和湿差，经 4～5d，菇蕾发生。此后，每天早、中、晚各喷水 1 次，敞开拱棚两端通风，促进高温香菇生长发育。

5.6　采收

当香菇菌盖边缘展开前、稍开伞或半开伞、孢子尚未弹射时及时采收，采大留小，高温香菇应勤采，一般每天采收 2～3 次，采收后将菇根清理干净。削去香菇根蒂及残留在菇柄上的泥土杂质，及时包装保鲜或干燥加工，装入干净、专用容器内。

6　病虫害防治

6.1　防治原则

以规范栽培管理技术预防为主，对夏季香菇病虫杂菌采取综合防控措施。

6.2　防治对象

夏季香菇主要病害有木霉或酵母菌引起的烂筒病、子实体锈红色斑点病、生理性死菇、畸形菇等；主要虫害有菇螨、跳虫、菌蚊、蠼螋、蛞蝓等。

6.3　防治方法

（1）菇棚消毒　菇棚在进袋前 10d，将地面整平，撒一层石灰粉，灌浇一次透水；进袋前 5d，用 1％的漂白粉溶液或 0.5％等量式波尔多液将菇棚内地面全部喷洒一遍，喷后封闭，用 66％二氯异氰尿酸钠烟剂 3～4g/m³ 熏蒸；在进袋前 1d 对流通风，排除残留气味。

（2）原料处理　栽培原料宜选用新鲜、无霉变的原料，在烈日下暴晒 3～5d 备用。科学、合理配制栽培料，栽培袋蒸汽灭菌彻底。

（3）栽培防控　选用抗病抗逆性强的耐高温香菇品种，避免使用经高温培养及长期储存的老化菌种，确保菌种不带病虫。适时栽培。接种时按照无菌操作要求，接种量充足，保持相对低温及恒温发菌，避光培养。搞好菇棚及周围环境卫生。出菇期间保持菇棚内适宜的温度和空气湿度避免强风直吹。

（4）物理防治　受杂菌污染的菌棒远离菇棚实行封闭式清除、销毁，及时摘除病菇。菇棚内采用安装黑光灯、杀虫灯、粘虫板或设置糖醋药液、毒饵诱杀等措施防治害虫（螨）。拱棚两端封装 0.28mm 孔径的防虫纱网。出菇期间进出菇棚做到随手封膜或封网，进出口地面设置消毒防虫隔离带。

（5）化学防治　掌握不同栽培阶段病虫害的发生动态，将病虫消灭在局部和发生初期，控制其传播蔓延。产前结合场地整理进行药剂消毒与灭虫，生产过程中定期消毒与灭虫。选用高效、低毒、低残留药剂或已在食用菌上登记、允许使用的药剂进行有针对性地防治。

7　生产档案

建立绿色食品夏季香菇生产档案。对夏季香菇的产地环境条件及栽培基质、生产管理、病虫害防治和采收等各环节所采取的措施进行详细记录。

（本技术规程摘编于 DB37/T 1650-2010）

第 25 节　山东高温平菇生产简明技术规程

1　栽培设施

高温平菇可采用遮阴降温棚、林地拱棚设施栽培，要求地势平坦、冬暖夏凉、通风良好、便于排水和生产操作，应利于控温、保湿和防治病虫害。

2　栽培季节

采用林地拱棚和遮阴降温棚等栽培平菇高温品种或耐高温的广温品种时，可进行夏季平菇生产。一般安排在 5 月中下旬至 9 月上中旬出菇。在装袋栽培前 30d 左右生产栽培种。采用发酵料生产，需在栽培前 6～8d 对原料进行堆制发酵。

3　品种选择

从具有相应资质的供种单位引进经省级以上农作物品种审定委员会登记，适于山东省栽培，出菇及转潮快、抗病抗逆性强、优质、高产的高温平菇品种。使用转基因技术育成的平菇菌种，必须按照国家有关规定执行。

4　生产材料

4.1　主辅原料

可利用的栽培原料有：棉籽壳、玉米秸、玉米芯、豆秸、小麦秸、花生茎蔓等。主辅原料要求干燥、纯净、无霉、无虫、不结块、无污染物，防止有毒有害物质混入。用于栽培高温平菇的作物秸秆，在收获前 1 个月不能施用高毒高残留农药。

4.2 覆土材料

要求结构疏松，孔隙度大，通气性和持水性好，有一定团粒结构，土粒直径以 0.5～2cm 为宜，pH7.2～7.8。

4.3 生产用水

培养料配制用水和出菇管理用水应符合生活饮用水卫生标准要求。喷水中不得加入药剂、肥料或成分不明的物质。

4.4 肥料及添加剂

培养料可选用的添加剂有：尿素、硫酸铵、过磷酸钙、磷酸二氢钾、生石灰、石膏粉、轻质碳酸钙等。

5 生产技术

5.1 培养料配方

高温平菇栽培料配方宜选用下列配方。

配方 1：棉籽壳 90%，麦麸 6%，尿素 0.3%，过磷酸钙 1.2%，石膏粉 1%，生石灰 1.5%。

配方 2：玉米芯粉 63.5%，棉籽壳 25%，麦麸 8%，石膏粉 1%，生石灰 2.5%。

配方 3：豆秸粉 52%，棉籽壳 40%，麦麸 5%，石膏粉 1%，生石灰 3%。

配方 4：糠醛渣 60%（干基），棉籽壳 24%，麦麸 8%，石膏粉 1%，生石灰 7%。

以上配方均调至 pH7.8～8.5，料水比为 1∶1.6 左右。栽培料均需堆制发酵或蒸汽灭菌处理。

5.2 培养料发酵、灭菌和接种

（1）培养料发酵与灭菌 高温平菇培养料拌混均匀润湿，宜采用圆堆插孔覆膜鼓风发酵，堆料升温快而高，堆温达到 65℃以上，培养料发酵均匀，发酵结束后将栽培料调至 pH 7.2～7.5。采用熟料栽培，装袋后 4h 内进锅灭菌，防止培养料或菌袋因操作不及时而发酸变质或升热"烧料",栽培袋宜经过高压或常压蒸汽灭菌处理,达到彻底灭菌。

(2)接种 发酵料晾堆后,即可装袋接种;蒸汽灭菌料袋冷却后,按照无菌操作规程进行接种。

5.3 发菌培养

发菌培养室全面消毒,清除杂菌源。保持发菌场所具有良好的遮阴、通风条件。培养环境温度控制在 $17\sim25℃$,袋内最高料温不应超过 $28℃$,空气相对湿度宜控制在 65% 以下,避免光线直接照射,光照强度小于150lx或黑暗发菌。经常翻袋检查,对杂菌污染菌袋随时检出隔离并集中处理。对轻微污染的菌袋可用二氯异氰尿酸钠溶液、过氧乙酸注射或石灰乳液涂盖杂菌斑,置于阴凉通风处继续培养;对严重污染杂菌的菌袋深埋处理。

5.4 出菇管理

(1)出菇方式 高温平菇出菇方式可采取地畦菌袋立排半覆土或平排不覆土出菇模式。

(2)生长管理 调节出菇棚温度在 $23\sim32℃$ 范围内,控制棚内昼夜温差在 $10℃$ 以内,通过喷雾与大水浇灌相结合,使空气相对湿度达到 $90\%\sim95\%$,早晚气温适中时通风换气,菇棚空气中 CO_2 浓度控制在 0.06% 以下,通风前后菇棚内空气相对湿度差异控制在 10% 以内,出菇生长阶段给予 $300\sim500$lx 的散射光照。

5.5 采收及加工、包装、贮运

(1)采收 当菌盖边缘稍平展、孢子尚未弹射时,即可采收。采收人员应戴口罩,防止孢子过敏。采后将菇根清理干净。

(2)加工、包装、贮运 鲜平菇及时包装保鲜或加工处理,装入干净、专用容器内。保鲜及加工的材料和方法应符合国家相关卫生标准。鲜菇采后应放入 $0\sim5℃$ 冷库预冷,整理分级,贮藏保鲜。长途运输时采用冷藏车运输,包装纸箱无受潮、离层现象。

6 病虫害防治

6.1 防治原则

按照"预防为主,综合防治"的植保方针,坚持"以农业防治、物理防治、生物防治为主，化学防治为辅"的治理原则。以规范栽培管理技术预防为主，对高温平菇病虫杂菌采取综合防控措施。

6.2 防治对象

高温平菇主要病害有枯萎病、黄腐病、锈斑（点）病等；主要杂菌有木霉、青霉、曲霉、毛霉、脉孢霉等；主要虫害有眼菌蚊、瘿蚊、菇螨、跳虫等。

6.3 防治方法

（1）菇棚消毒 菇棚经晒棚或闷棚处理，在进袋前 7d，将地面整平，撒一层石灰粉，灌浇一次透水；进袋前 2d，用 1％的漂白粉溶液或 0.5％等量式波尔多液将菇棚内地面全部喷洒一遍。

（2）原料处理 栽培原料宜选用当年产、无霉变的原料，在烈日下暴晒 3～5d 备用。科学、合理配制栽培料，经生石灰碱化处理，应用鼓风机通风进行全面、均匀、彻底发酵，或采用熟料栽培。

（3）栽培防控 选用抗病抗逆性强的平菇品种，避免使用经高温培养及长期储存的老化菌种，确保菌种不带病虫。接种时按照无菌操作要求，接种量充足，保持相对低温及恒温发菌，避光培养。出菇期间保持菇棚内适宜的温度和空气湿度，防止温差、湿差过大，避免强风直吹。发生病害后，及时清理病菇、病料，停止喷水，降低菇棚湿度和温度，创造不适于病菌、杂菌侵染和生理性病害发生的条件。

（4）物理防治 菇棚内采用安装黑光灯、杀虫灯、粘虫板或设置糖醋药液、毒饵诱杀等措施防治害虫。菇棚门窗及通风口封装 0.28mm 孔径的防虫纱网。出菇期间进出菇棚做到随手闭门，门口设置消毒防虫隔离带。

（5）生物防治 优先选择使用微生物源、植物源农药防治。应用中生菌素、多抗霉素（多氧霉素）等农用抗生素制剂，可预防和控制平菇多种病害。在无菇期或避菇使用多杀霉素、苦参碱、印楝素、烟碱、鱼藤酮、除虫菊素、茼蒿素、茶皂素等防治平菇害虫。

（6）化学防治　掌握不同栽培阶段病虫害的发生动态，将病虫消灭在局部和发生初期，控制其传播蔓延。发现局部菌料受杂菌污染或子实体发病时及时进行隔离、清除和药剂控制，有针对性地采取不同的施药方法；若发现菇棚内有害虫发生时，在无菇期或避菇选用高效低毒低残留药剂，针对目标集中喷杀。

7　生产档案

建立绿色食品高温平菇生产档案。对高温平菇的产地环境条件及栽培基质、生产管理、病虫害防治和采收等各环节所采取的措施进行详细记录。

第 26 节　黑木耳生产操作规程

1　范围

本规程规定了绿色食品黑木耳生产的要求，包括产地环境、设备设施、菌棒制作、发菌管理、出耳管理、采收、包装运输、病虫害防治、废弃物处理和生产档案管理技术要求。

本规程适用于绿色食品黑木耳的生产及管理。

2　规范性引用文件

下列文件中的内容通过文中的规范性引用而构成本文件必不可

少的条款。其中，注日期的引用文件，仅该日期的版本适用于本文件。不注日期的引用文件，其最新版本（包括所有的修改单）适用于本文件。

GB/T 191 包装储运图示标志

GB 4806.7 食品安全国家标准　食品接触用塑料材料及制品

GB/T 12728 食用菌术语

GB 19169 黑木耳菌种

NY/T 391 绿色食品产地环境质量

NY/T 393 绿色食品农药使用准则

NY/T 528 食用菌菌种生产技术规程

NY/T 1655 蔬菜包装标识通用准则

NY/T 1838 黑木耳等级规格

NY 5099 无公害食品　食用菌栽培基质安全技术要求

3　术语和定义

GB/T 12728 中界定的以及下列术语和定义适用于本文件。

3.1　摇瓶菌种（liquid spawn by shake cultivation）

以恒温摇床培养方式培养的菌种。

3.2　深层发酵培养菌种（liquid spawn by cultivation in fermenter）

采用大型发酵罐为容器培养的菌种。

4　产地环境

环境空气质量应符合 NY/T 391 的要求。场地应选择地势平坦、通风良好、水源充足、环境清洁的地方。远离工矿区和城市污染源、禽畜舍、垃圾场和死水水塘等危害食用菌的病虫源滋生地。与常规农田邻近的食用菌厂区应设置缓冲带或物理屏障，以避免禁用物质的影响。

5　农业投入品

5.1　生产用水

生产用水应符合 NY/T 391 的要求。

5.2　栽培原料

主辅料应来自安全生产农区，质量应符合 NY 5099 及绿色食品相关规定要求，要求洁净、干燥、无虫、无霉、无异味。不应使用来源于污染环境或污染区域的原料。

5.3 设备设施

拌料车间、装袋车间采用半封闭式厂房，配备拌料机、装袋机、铲车、叉车等；冷却区、接种区、发菌区采用封闭式厂房，能够对温度、湿度、CO_2 浓度、光照等参数进行人工调控，满足人工操作及设备运行的需求；吊袋模式配套钢架大棚，地摆模式露天进行，要求能够对湿度进行人工调控。

栽培环境控制系统、水电等设施应与生产规模相匹配，并符合相关质量安全标准。灭菌锅等压力设备，应通过相关部门检验合格后使用，并定期检查、维护和校验。

6 菌种及质量要求

6.1 菌种选择

菌种应从具相应资质的单位购买，质量应符合 GB 19169 的要求，要求种性稳定、抗逆性强、产量高、品质优良。

6.2 菌种生产及质量要求

黑木耳生产菌种可采用固体菌种或液体菌种。

固体菌种生产应符合 NY/T 528 的规定，质量应符合 GB19169 的要求。原种可采用枝条种或木屑麦麸混合菌种。

液体菌种生产按照摇瓶培养和发酵罐深层培养两个阶段进行，培养基配方见附录 A.1。摇瓶菌种要求菌种外观澄清透明不浑浊，无杂菌、无异味；菌丝体密集、均匀悬浮于液体中不分层，菌丝体湿重 8 g/L 以上。发酵罐深层培养菌种要求菌液黏度高，无异味；菌丝体稠密，菌球均匀悬浮于液体中，静置基本不分层；显微镜下可见菌丝分枝密度高、有隔膜，有锁状联合，无杂菌，菌丝体湿重 10 g/L 以上，pH5.0 ～ 6.0。

7 生产工艺流程

备料→拌料→装袋→灭菌→冷却→接种→发菌管理→出耳管理→采收。

7.1　基质配方

根据黑木耳对营养和酸碱度的需求进行科学配比，可采用附录A.1中的推荐配方。

7.2　拌料

按照配方称量各种培养料，先把辅料拌匀后再与主料充分混匀，栽培基质含水量应控制在 55％ ～ 60％范围内。木屑等主料需提前用水预湿闷堆处理。

拌料区地面、墙壁清洁无杂物，地面无积水，包装废弃物、垃圾应及时清理。

7.3　装袋

7.3.1　栽培袋选用

短袋宜选用（16 ～ 17）cm×（35～38）cm×（0.0045～0.005）cm 的栽培袋，每袋装料量 1350～1500g；长袋宜选用（14.5～16）cm×（53～55）cm×（0.0045～0.005）cm 栽培袋，每袋装料量 1450～1600g。常压灭菌采用聚乙烯栽培袋，高压灭菌采用聚丙烯栽培袋。

7.3.2　装袋

使用黑木耳专用装袋机进行装袋，要求料袋紧实，袋无破损，封口后将料袋排放于周转框内。装袋结束后，及时清理装袋机轨道和地面上的料屑及破损栽培袋。

7.4　灭菌

7.4.1　常压灭菌

将菌棒移入常压蒸汽设备中，要求在 4～6h 内温度达到 100℃，短袋保持 10～12h；长袋保持 16～18h，灭菌结束后降温至 50～ 60℃后取出菌棒。

7.4.2　高压灭菌

将菌棒移入高压蒸汽灭菌设备中，当温度达到 121～125℃后，维持 2.5～4h，灭菌结束后自然冷却，待压力降至 0，温度降至 50～60℃，打开灭菌锅门取出菌棒。

7.5　冷却

冷却室应事先进行清洁和除尘处理。待菌棒温度降至 40～50℃时移入冷却室，洁净冷却至 28℃以下。

7.6　接种

接种室、接种工具等在使用前应进行洁净和消毒处理。接种过程要严格无菌操作，接种结束后及时清理接种室。

使用液体菌种接种，须具备完善的液体菌种生产和接种设备设施及专业技术人员。

7.7　发菌管理

7.7.1　菌丝培养

发菌室要求洁净无尘、通风良好、干燥避光。

将接种后的菌棒移入发菌室培养，接种第 5 天后开始通风，并逐渐加大通风量，同时检查杂菌，发现污染菌棒及时移除，并对其进行无害化处理。发菌前 10d 发菌室温度应控制在 28～30℃，第 11～20 天温度控制在（24±2）℃，发菌后期温度降至（20±2）℃。

7.7.2　后熟培养

菌丝长满袋后，将温度控制在 18～22℃，根据品种的不同再进行不同时长的后熟培养，早熟品种需 7～10d，中熟品种需 11～15d，晚熟品种需 16～25d。

7.8　出耳管理

7.8.1　刺孔

当菌棒达到生理成熟后，用刺孔机对菌棒进行刺孔，孔径 0.45～0.6cm，孔深 0.5～0.7cm，短袋刺孔数量为 220～240 个，长袋刺孔数量为 260～280 个，刺孔时间宜选择在晴天早晚或阴天。

7.8.2　催耳

采取室外催耳方式，菌棒刺孔后暗光培养 2～3d。3d 后，温度控制在 15～22℃、散射光照射，空气相对湿度 85%～90%，持续 5～7d，孔眼菌丝变白或出现原基即可进行出耳管理。

7.9　出耳模式

（1）棚式吊袋　在棚内吊杆上，系两根细尼龙绳或按品字形系紧三根尼龙绳，每组尼龙绳可吊 6～8 袋，袋与袋采用铁丝钩或三角片托盘进行固定，距离约 0.10m，相邻两组距离 0.25～0.30m。棚内配备喷水设施。

（2）露地摆放　场地应选择通风良好、阳光充足、地势平缓、排水良好的地方。平整作畦，畦高 9～10cm、宽 1.3～1.5m，长度不限，畦床中间安装喷水设施，畦面上铺有薄膜，防止杂草生长或耳片溅上泥土影响产品品质。

短棒可直立摆放在畦床薄膜上，菌棒间隔 10～15cm。长袋排场需在畦床上搭建高 30～35cm、行距 40～50cm 的支架，菌棒与地面呈 60°～70°斜靠在支架上均匀排布，间距 10～15cm。

7.10　耳场管理

7.10.1　幼耳期管理

露天栽培模式，原基形成期白天温度达到 12～15℃时开始喷水，每次 5～10min，空气相对湿度控制在 80%～90%，保持地面湿润；随耳片的长大，加大喷水量。大棚内吊袋模式宜全天通风。

7.10.2　成耳期管理

露天栽培模式，成耳期应加大喷水量，每次喷水 10～15min，使耳片充分舒展，将空气相对湿度控制在 90%～95%，成耳期晒床 3～5 次，每次 2～3d，创造"干干湿湿"的出耳环境，耳片收缩干燥 1～2d 后，重新喷水至耳片舒展，重复管理直至采收。大棚内吊袋模式宜全天通风。

7.11　采收和晾晒

7.11.1　采收

按商品等级规格要求适时采收。采收选择晴好天气，采收前 24h 停止喷水。每茬采收后适当停止喷水，待菌丝充分恢复，再次喷水进入下一潮的出耳管理。

7.11.2　晾晒

采收后的木耳应立即清除杂质，并在平整的晒耳床面上进行晾晒，雨天遮雨。

8 病虫害防治

8.1 防治原则

应贯彻"预防为主、综合防治"的方针。采用以农业防治与物理防治为主、化学防治为辅的综合防治措施。

8.2 主要病虫害

（1）主要病害 木霉、绿霉、流耳病等。

（2）主要虫害 菌蚊、螨虫、线虫、果蝇、跳虫等。

8.3 防治方法

8.3.1 农业防治

（1）选用抗病抗逆强的黑木耳菌种，用于生产的菌种必须健壮、适龄且无病虫杂菌污染。

（2）根据当地气候条件以及品种特性合理安排生产季节。

（3）严把培养原料质量、配制、灭菌关，严格按照无菌操作要求接种。

（4）发菌及出耳场地应保持清洁卫生。

8.3.2 物理防治

（1）用粘虫板、诱虫灯、黑光灯诱杀害虫；

（2）排场周围挖深为 50cm 的环形水沟防病虫迁入；

（3）人工捕捉害虫，及时摘除病耳。

8.3.3 化学防治

（1）接种室、发菌室、出耳场地使用前应严格消毒；

（2）培养阶段病虫害发生严重时，使用已登记可在食用菌上使用的低毒低残留的农药，药物的使用应符合 NY/T 393 的要求；

（3）出耳期、采摘期和储存期，禁止使用任何农药。

9 生产废弃物处理

9.1 废弃生产物料的处理

破损包装材料、废弃周转框、菌棒脱袋处理后的塑料袋等，应集中回收处理，不可随意丢弃造成环境污染。

9.2 菌渣的无害化处理

菌袋分离后的菌渣废弃物，可用作其他食用菌或农作物栽培基质、肥料或燃料等进行资源化利用。

10 包装

按 NY/T 1838 的要求对黑木耳进行归类分级。根据市场需求合理选择包装材料和包装方式。包装材料应清洁、干燥、无毒、无异味，符合 GB 4806.7 的规定；包装标识应清晰、规范、完整、准确，符合 GB/T 191 和 NY/T 1655 的规定。

11 储存和运输

常温储存，储存场所应干燥、清洁，避免阳光直射。运输时不得与有毒有害物品混装混运，运输中应有防晒、防潮、防雨、防杂菌污染的措施。

12 生产档案

建立绿色食品黑木耳生产档案，明确地记录环境清洁卫生条件、各类生产投入品的采购及使用、生产管理过程、病虫害防治和生产废弃物处理等各个生产环节。生产记录档案应保留 3 年以上，做到农产品生产可追溯。

第 27 节 杏鲍菇生产操作规程

1 范围

本规程规定了绿色食品杏鲍菇的产地环境、设备设施、菌包（瓶）制作、发菌管理、出菇管理、采收、病虫害防治、生产废弃物处理及生产档案管理。

本规程适用于绿色食品杏鲍菇的生产及管理。

2 规范性引用文件

下列文件中的内容通过文中的规范性引用而构成本文件必不可少的条款。其中，注日期的引用文件，仅该日期的版本适用于本文件。不注日期的引用文件，其最新版本（包括所有的修改单）适用于本文件。

GB/T 191 包装储运图示标志

GB 4806.7 食品安全国家标准 食品接触用塑料材料及制品

GB/T 12728 食用菌术语

NY/T 391 绿色食品 产地环境质量

NY/T 393 绿色食品 农药使用准则

NY/T 528 食用菌菌种生产技术规程

NY/T 749 绿色食品食用菌

NY862 杏鲍菇和白灵菇菌种

NY/T 1655 蔬菜包装标识通用准则

NY/T 3418 杏鲍菇等级规格

NY 5099 无公害食品 食用菌栽培基质安全技术要求

3 术语和定义

GB/T 12728 中界定的以及下列术语和定义适用于本文件。

3.1 菌渣（spent substrate）

栽培食用菌后的培养基质。

3.2 枝条菌种（stick spawn）

以浸泡处理和灭菌后杨树小木条为培养基质，长满杏鲍菇菌丝并作为栽培种应用的复合物。

3.3 摇瓶菌种（liquid spawn by shake cultivation）

以恒温摇床培养方式培养的液体菌种。

3.4 深层发酵培养菌种 (liquid spawn by cultivation in fermenter)

采用大型发酵罐为容器培养的液体菌种。

4 产地环境

4.1 厂区环境

厂区环境应符合 NY/T 391 的要求。厂区应清洁卫生、水质优良、地势平坦、交通便利；远离工矿区和城市污染源、禽畜舍、垃圾场和死水水塘等危害食用菌的病虫源滋生地。与常规农田邻近的食用菌厂区应设置缓冲带或物理屏障，以避免禁用物质的影响。

4.2 厂区布局

根据杏鲍菇的生产工艺流程，科学规划各生产区域。堆料场、拌料车间、装袋（瓶）车间、灭菌区、冷却区、接种区、发菌区、出菇区、包装车间、储存冷藏库应各自独立，又合理衔接，其中灭菌区、冷却区和接种区应紧密相连。废弃物处理区应远离生产区域，并位于厂区主导风向下风侧。

5 农业投入品

5.1 生产用水

生产用水应符合 NY/T 391 的要求。

5.2 栽培原料

主辅料应来自安全生产农区，质量应符合 NY 5099 和绿色食品相关规定要求，要求洁净、干燥、无虫、无霉、无异味，防止有毒有害物质混入，不应使用来源于污染农田或污染区农田的原料。

5.3 设备设施

拌料车间、装袋车间应采用半封闭式厂房，能够遮阴、避雨，安装除尘设备，满足工人及设备操作的需求；冷却区、接种区、发菌区、出菇区应采用封闭式厂房，能够对温度、湿度、通风、光照等参数进行人工调控，发菌区需安装初、中效新风处理系统，冷却区和接种区需安装初、中、高效新风处理系统。

栽培环境控制系统、水电等设施应与生产规模相匹配，并符合相关质量安全标准。锅炉、灭菌柜等压力设备，应通过相关部门检验合格后方可使用，并定期检查、维护和校验，由专人持证操作。

6 菌种及质量要求

6.1 菌种选择

杏鲍菇菌种应优质高产、抗病抗逆性强、适应性广、商品性好，从具资质的单位购买，并可追溯菌种的来源。

6.2 菌种生产及质量要求

杏鲍菇生产菌种可采用固体菌种或液体菌种。

固体菌种生产应符合 NY/T 528 的规定，菌种质量应符合 NY 862 的规定。栽培种可采用枝条种或木屑玉米芯混合菌种。母种、栽培种培养基配方见附录 A.1，用于生产的菌种必须菌性纯正、生命力旺盛、无病虫害干扰。

液体菌种生产按照摇瓶培养和发酵罐深层培养两个阶段进行，培养基配方见附录 A.1。摇瓶菌种要求菌种外观澄清透明不浑浊，无杂菌、无异味；菌丝体密集、均匀悬浮于液体中不分层，菌丝体湿重不少于 8g/L。发酵罐深层培养菌种要求菌液澄清透明不浑浊，稍黏稠；菌丝体密集、均匀悬浮于液体中不分层，显微镜下可见菌丝分枝密度高、有隔膜，可见锁状联合，无杂菌，菌丝体湿重 10g/L 以上，pH<5.0。

7 生产工艺流程

备料→拌料→装袋（瓶）→灭菌→冷却→接种→发菌管理→出菇管理→采收

7.1 基质配方

根据杏鲍菇对营养和酸碱度的需求进行科学配比，可采用附录 A.2 的配方。

7.2 拌料

将主料、辅料及其他配料按配方逐一置入拌料机内，充分混匀，使栽培基质含水量达 65%～68%，pH7.5～8.0。木屑、玉米芯等主料需提前用水预湿闷堆处理。

拌料区地面应平整、无积水、无杂物，拌料产生的垃圾应及时清理。

7.3 装袋（瓶）

杏鲍菇生产主要采用袋栽和瓶栽两种模式。袋栽宜选用（17～19）cm×（35～38）cm×（0.005～0.008）cm 的聚丙烯或聚乙烯塑料袋，每袋装料量为 1200～1550g；瓶栽宜选用容量 1100～1500mL 的塑料瓶，每瓶装料量为 710～1100g；机械装袋（瓶），要求料袋紧实，袋无破损，封口后将料袋（瓶）排放于周转框内。

装袋（瓶）结束后，及时清理装袋机轨道和地面上的料屑及破损塑料袋（瓶）。

7.4 灭菌

采用常压或高压蒸汽灭菌方式，将排放料袋（瓶）的周转框移入灭菌设备内，常压灭菌应保持 100℃、10h 以上；高压灭菌应在 121～123℃下保持 2.5～3.5h。

拌料、装袋在 4h 内完成，并及时灭菌。

7.5 冷却

灭菌后灭菌锅灭力降至 0，温度降至 95℃以下，移入预冷室；待料袋（瓶）温度降至 50～60℃，移入冷却室，洁净冷却。冷却室应事先进行清洁处理。

7.6 接种

料袋（瓶）中心温度降至 25℃以下才可移入接种室接种。接种室消毒采用高效过滤器或移动层流罩将空气净化，结合臭氧消毒，使用接种机或人工接种，接种过程要严格无菌操作，接种结束后及时清理接种室。

使用液体菌种接种，须具备完善的液体菌种生产和接种设备设施及专业技术人员。

7.7 发菌管理

7.7.1 发菌条件

发菌室要求洁净无尘、通风良好，温度控制在 20～25℃，空气相对湿度控制在 65%～70%，菌袋模式需设置发菌层架。

7.7.2 发菌培养

将菌袋整框摆放在发菌层架上，菌瓶整框直接码放多层，避光培养。接种第 5d 后经常观察菌丝生长状况，及时清除被杂菌污染的菌袋（瓶），并进行无害化处理。接种后 25～30d 菌丝发满菌袋（瓶），继续培养 5～7d，菌丝达到生理成熟。

7.8　出菇管理

7.8.1　袋栽模式

7.8.1.1　催蕾

将发好菌的菌袋移入菇房，揭盖，排放于专用出菇架上。进入菇房的第 1～4d，温度控制在 16～18℃，湿度控制在 75%～85%，CO_2 浓度控制为 0.15%～2.8%，无需光照和通风，循环风定时开。第 5 天将套环外拉，温度控制在 14～16℃，每天通风换气并给予光照，菇蕾出现后将套环去除。

7.8.1.2　疏蕾

第 10～15d，温度控制在 12～14℃，湿度控制在 90%～95%，CO_2 浓度控制在 0.15%～2.8%，给予光照并加强通风。当菇蕾高度为 5～9cm 时，及时疏蕾，剔除不规则小菇或劣质菇，保留 2～4 个优势菇蕾向袋（瓶）口伸长。

7.8.1.3　生长期管理

温度控制在 12～14℃，湿度控制在 85%～95%，CO_2 浓度升高至 0.3%～0.8%，每天通风换气并增加光照。采收前 3～4d 不宜光照。

7.8.2　瓶栽模式

7.8.2.1　搔菌、催蕾

菌瓶移入菇房前机械搔菌，去除瓶口老化菌皮，保持料面平整，然后排放于专用出菇架上。进入菇房的第 1～4 天，温度控制在 16～18℃，湿度控制在 75%～85%，无需光照和通风，循环风定时开。第 5 天将温度控制在 14～16℃，每天通风换气并给予光照，诱导菇蕾出现。

7.8.2.2　疏蕾

第 10～15 天，温度控制在 14～16℃，湿度控制在 90%～95%，CO_2 浓度 0.15%～2.8%，给予光照并加强通风。当菇蕾高度为 2～3cm 时进行适当疏蕾，也可不疏蕾。

7.8.2.3 生长期管理

温度控制在 $10\sim12℃$，湿度控制在 $85\%\sim95\%$，CO_2 浓度升高至 $0.3\%\sim0.8\%$，光照强度 $200\sim500lx$，通风循环风同时开。

7.9 采收和包装

7.9.1 采收

当菌盖近平展，直径与菌柄直径基本一致时即可采收。采收时佩戴口罩，手握菌柄，快速掰下，随手修剪，轻轻放入铺有柔软海绵垫的采收框内，尽量避免菇体间的碰触和损伤，保持菇体完整。产品质量安全应符合 NY/T 749 的规定。

7.9.2 清库

采收后，将菌袋（瓶）转移至生产废弃物处理区进行脱袋或挖瓶处理，菇房内地面上的菇根、死菇等残留物应及时清理，对清空的菇房进行清洗及消毒处理，所用消毒剂及其使用方法参见附录 B。

7.9.3 包装

包装前杏鲍菇需在 $3\sim5℃$ 的冷库中预冷至菇体中心温度达 7℃以下。包装车间保持清洁、干燥。包装人员应穿戴干净的衣、帽、鞋和口罩，根据 NY/T 3418 的要求对杏鲍菇进行归类分级，按照客户需求装入干净、专用的包装容器内。包装材料应清洁、干燥、无毒、无异味，符合 GB 4806.7 的规定；包装标识应清晰、规范、完整、准确，符合 GB/T 191 和 NY/T 1655 的规定。

8 病虫害防治

8.1 防治原则

应贯彻"预防为主、综合防治"的方针。以农业防治和物理防治为主。

8.2 主要病害、虫害

（1）主要病害 绿霉、毛霉、链孢霉、根霉、细菌性病害等。
（2）主要虫害 蚊蝇类、螨类、线虫类等。

8.3 防治方法

8.3.1 农业防治

（1）选用抗病抗逆强、活力好的菌种，用于生产的菌种必须健壮、适龄且无病虫污染。

（2）培养料灭菌应彻底，操作人员严格按照无菌操作规程接种。

（3）发菌场所应整洁卫生、通风良好，发现杂菌污染袋，及时清出，集中处理。

（4）菇房应保持良好的通风，子实体发病或菌袋有虫害发生时，及时清除病菇并清理菌袋。

8.3.2　物理防治

（1）接种室、发菌室及菇房应定时刷洗，保持室内环境洁净。

（2）发菌室及菇房悬挂杀虫色板、诱虫灯。

（3）定期进行产区环境检测、车间通风系统的过滤网检查工作，定期更换通风系统的过滤网或滤芯。

8.3.3　化学防治

（1）接种室、发菌室及菇房在使用之前应进行消毒处理，所用消毒剂及其使用方法参见附录 B。

（2）病虫害发生严重时，使用已登记可在食用菌上使用的低毒低残留的农药，药物的使用应符合 NY/T 393 的规定。

（3）出菇期禁止使用任何化学药物。

9　生产废弃物处理

9.1　废弃生产物料的处理

生产过程中产生的破损包装材料、废弃周转框及菌棒脱袋处理后的塑料袋，应集中回收处理，不可随意丢弃造成环境污染。

脱瓶处理后的塑料瓶需回收利用。

9.2　菌渣的无害化处理

杏鲍菇采收后的大量菌渣废弃物，应资源化循环利用，可用作其他食用菌或农作物栽培基质、肥料或燃料等。

10　储存和运输

杏鲍菇以鲜销为主，分级包装好的杏鲍菇应在低温（1～5℃）的低温条件下储存。长距离或夏季高温时应使用冷藏车运输，以保持产品良好品质。

11 生产记录档案

建立绿色食品杏鲍菇生产档案，明确记录环境清洁卫生条件、各类生产投入品的采购及使用、生产管理过程、病虫害防治、包装运输等各个生产环节。生产记录档案应保留3年以上，做到农产品生产可追溯。

附录A（资料性附录）

绿色食品杏鲍菇菌种生产培养基配方见附表A.1。

附表 A.1 绿色食品杏鲍菇菌种生产培养基配方

配方类型	组成
母种培养基配方	土豆 200g，葡萄糖 30g，蛋白胨 5g，KH_2PO_4 3g，琼脂 20g，纯净水 1000mL。
栽培种培养基配方	木屑 40%，玉米芯 40%，麦麸 18%，石膏 1%，石灰 1%。
枝条种培养基配方	杨树枝条（清水浸泡 24h 以上）70%，麦粒 20%，木屑 10%。
液体摇瓶培养基配方	土豆 200g，葡萄糖 30g，蛋白胨 5g，KH_2PO_4 3g，$MgSO_4 \cdot 7H_2O$ 1.5g，纯净水 1000mL。
液体深层发酵培养基配方	马铃薯200g，葡萄糖20g，黄豆粉30g（煮15min后过滤），KH_2PO_4 1g，$MgSO_4 \cdot 7H_2O$ 0.5g，酵母膏1g，维生素B1 10mg，消泡剂 0.3g，纯净水 1000mL。

绿色食品杏鲍菇生产栽培基质推荐配方见附表A.2。

附表 A.2 绿色食品杏鲍菇生产栽培基质推荐配方

配方	组成
配方1	杂木屑 21%，甘蔗渣 21%，玉米芯 21.9%，麦麸 18.4%，玉米粉 6.8%，豆粕粉 8.4%，石灰 1.5%，石膏 1%。含水量 65%～68%，pH7.5～8.0。
配方2	玉米秸 36.5%，豆渣 20%，木屑 13%，麦麸 18%，豆粕粉 5%，玉米粉 5%，石灰 1.5%，石膏 1%。含水量 65%～68%，pH7.5～8.0。
配方3	杂木屑 65%，麦麸 20.5%，玉米粉 6%，豆粕粉 6%，石灰 1.5%，石膏 1%。含水量 65%～68%，pH7.5～8.0。

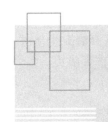

第5章

绿色食品包装贮运标准

第1节 包装通用准则

1 范围

本标准规定了绿色食品包装的术语和定义、基本要求、安全卫生要求、生产要求、环保要求、标志与标签要求和标识、包装、储存与运输要求。

本标准适用于绿色食品包装的生产与使用。

2 规范性引用文件

下列文件对于本文件的应用是必不可少的。凡是注日期的引用文件，仅注日期的版本适用于本文件。凡是不注日期的引用文件，其最新版本（包括所有的修改单）适用于本文件。

GB 11680 食品包装用原纸卫生标准

GB 14147 陶瓷包装容器铅、镉溶出允许极限

GB/T 16716.1 包装与包装废弃物第1部分：处理和利用通则

GB/T 18455 包装回收标志

GB 19778 包装玻璃容器 铅、镉、砷、锑溶出允许限量

GB/T 23156 包装 包装与环境术语

GB 23350 限制商品过度包装要求 食品和化妆品

GB/T 23887 食品包装容器及材料生产企业通用良好操作规范

3　术语和定义

GB/T23156 界定的以及下列术语和定义适用于本文件。

3.1　绿色食品包装（package for green food）

是指包裹、盛装绿色食品的各种包装材料、容器及其辅助物的总称。

4　基本要求

4.1　应根据不同绿色食品的类型、性质、形态和质量特性等，选用符合本标准规定的包装材料并使用合理的包装形式来保证绿色食品的品质，同时利于绿色食品的运输、储存，并保障物流过程中绿色食品的质量安全。

4.2　需要进行密闭包装的应包装严密，无渗漏；要求商业无菌的罐头食品，空罐应达到减压或加压试漏检验要求，实罐卷边封口质量和焊缝质量完好，无泄漏。

4.3　包装的使用应实行减量化，包装的体积和重量应限制在最低水平，包装的设计、材料的选用及用量应符合 GB 23350 的规定。

4.4　宜使用可重复使用、可回收利用或生物降解的环保包装材料、容器及其辅助物，包装废弃物的处理应符合 GB/T 16716.1 的规定。

5　安全卫生要求

5.1　绿色食品的包装应符合相应的食品安全国家标准和包装材料卫生标准的规定。

5.2　不应使用含有邻苯二甲酸酯、丙烯腈和双酚 A 类物质的包装材料。

5.3　绿色食品的包装上印刷的油墨或贴标签的黏合剂不应对人体和环境造成危害，且不应直接接触绿色食品。

5.4　纸类包装应符合以下要求：

　　——直接接触绿色食品的纸包装材料或容器不应添加增白剂，其他指标应符合 GB 11680 的规定；

　　——直接接触绿色食品的纸包装材料不应使用废旧回收纸材；

　　——直接接触绿色食品的纸包装容器内表面不应有印刷，不应涂非食品级蜡、胶、油、漆等。

5.5　塑料类包装应符合以下要求：

　　——直接接触绿色食品的塑料包装材料和制品不应使用回收再用料；

　　——直接接触绿色食品的塑料包装材料和制品应使用无色的材料；

　　——酒精度含量超过 20% 的酒类不应使用塑料类包装容器；

　　——不应使用聚氯乙烯塑料。

5.6　金属类包装不应使用对人体和环境造成危害的密封材料和内涂料。

5.7　玻璃类包装的卫生性能应符合 GB19778 的规定。

5.8　陶瓷包装应符合以下要求：

　　——卫生性能应符合 GB14147 的规定；

　　——醋类、果汁类的酸性食品不宜使用陶瓷类包装。

6　生产要求

　　包装材料、容器及其辅助物的生产过程控制应符合 GB/T 23887 的规定。

7　环保要求

7.1　绿色食品包装中四种重金属（铅、镉、汞、六价铬）和其他危险性物质含量应符合 GB/T 16716.1 的规定。相应产品标准有规定的，应符合其规定。

7.2　在保护内装物完好无损的前提下，宜采用单一材质的材料、易分开的复合材料、方便回收或可生物降解材料。

7.3　不应使用含氟氯烃（CFS）的发泡聚苯乙烯（EPS）、聚氨酯（PUR）等产品作为包装物。

8　标志与标签要求

8.1　绿色食品包装上应印有绿色食品商标标志，其印刷图案与文字内容应符合《中国绿色食品商标标志设计使用规范手册》的规定。

8.2 绿色食品标签应符合国家法律法规及相关标准等对标签的规定。

8.3 绿色食品包装上应有包装回收标志，包装回收标志应符合GB/T18455 的规定。

9 标识、包装、储存与运输要求

9.1 标识

包装制品出厂时应提供充分的产品信息，包括标签、说明书等标识内容和产品合格证明等。

外包装应有明显的标识，直接接触绿色食品的包装还应注明"食品接触用""食品包装用"或类似用语。

9.2 包装

绿色食品包装在使用前应有良好的包装保护，以确保包装材料或容器在使用前的运输、储存等过程中不被污染。

9.3 储存与运输

9.3.1 绿色食品包装的储存环境应洁净卫生，应根据包装材料的特点，选用合适的储存技术和方法。

9.3.2 绿色食品包装不应与有毒有害、易污染环境等物质一起运输。

第2节 储藏运输准则

1 范围

本标准规定了绿色食品储藏与运输的要求。

本标准适用于绿色食品的储藏与运输。

2 规范性引用文件

下列文件对于本文件的应用是必不可少的。凡是注日期的引用文件，仅注日期的版本适用于本文件。凡是不注日期的引用文件，其最新版本（包括所有的修改单）适用于本文件。

GB14881　食品安全国家标准　食品生产通用卫生规范

NY/T 393　绿色食品　农药使用准则

NY/T 472　绿色食品　兽药使用准则

NY/T 658　绿色食品　包装通用准则

NY/T 755　绿色食品　渔药使用准则

3　要求

3.1　储藏

3.1.1　储藏设施

3.1.1.1　储藏设施的设计、建造、建筑材料等应符合 GB 14881 的规定。

3.1.1.2　应建立储藏设施管理制度。

3.1.1.3　设施及其四周要定期打扫和消毒，优先使用物理方法对储藏设备及使用工具进行消毒，如使用消毒剂，应符合 NY/T 393、NY/T 472 和 NY/T 755 的规定。

3.1.2　出入库

3.1.2.1　经检验合格的绿色食品才能出入库，在食品、标签与单据三者相符的情况下方可出入库。

3.1.2.2　出库遵循先进先出的原则。

3.1.3　码放

3.1.3.1　按绿色食品的种类要求选择相应的储藏设施存放，存放产品应整齐，储存应离地离墙。

3.1.3.2　码放方式应保证绿色食品的质量和外形不受影响。

3.1.3.3　不应与非绿色食品混放。

3.1.3.4　不应和有毒、有害、有异味、易污染物品同库存放。

3.1.3.5　产品批次应清楚，不应超期积压，并及时剔除过期变质的产品。

3.1.4　储藏条件

3.1.4.1　应根据相应绿色食品的属性确定环境温度、湿度、光照和通风等储藏要求。

3.1.4.2　需预冷的食品应及时预冷，并应在推荐的温度下预冷。

3.1.4.3　需冷藏或冷冻的食品应保证其中心温度尽快降至所需温度。活水产品应按照要求的降温速率实施梯度降温。

3.1.4.4　应优先使用物理的保质保鲜技术。在物理方法和措施不能满足需要时，可使用药剂，其剂量和使用方法应符合 NY/T 392、NY/T 393 和 NY/T 755 的规定。

3.1.5　储藏管理

3.1.5.1　应设专人管理，定期检查储藏情况，定期清理、消毒和通风换气，保持洁净卫生。

3.1.5.2　工作人员要进行定期培训和考核，绿色食品的相关工作人员应持有效健康证上岗。

3.1.5.3　应建立储藏设施管理记录程序，保留所有搬运设备、储藏设施和容器的使用登记表或核查表。

3.1.5.4　应保留储藏电子档案记录，记载出入库产品的地区、日期、种类、等级、批次、数量、质量、包装情况及运输方式等，确保可追溯、可查询。

3.1.5.5　相关档案应保留 3 年以上。

3.2　运输

3.2.1　运输工具

3.2.1.1　运输工具应专用。

3.2.1.2　运输工具在装入绿色食品之前应清理干净，必要时进行灭菌消毒。

3.2.1.3　运输工具的铺垫物、遮盖物等应清洁、无毒、无害。

3.2.1.4　冷链物流运输工具应具备自动温度记录和监控设备。

3.2.2　运输条件

3.2.2.1　应根据绿色食品的类型、特性、运输季节、运输距离以及产品保质储藏的要求选择不同的运输工具。

3.2.2.2　运输过程中需采取控温的，应采取控温措施并实时监控，相邻温度监控记录时间间隔不宜超过 10min。

3.2.2.3 冷藏食品在装卸货及运输过程中的温度波动范围应不超过±2℃。

3.2.2.4 冷冻食品在装卸货及运输过程中温度上升不应超过 2℃。

3.2.3 运输管理

3.2.3.1 绿色食品与非绿色食品运输时应严格分开，性质相反或风味交叉影响的绿色食品不应混装在同一运输工具中。

3.2.3.2 装运前应进行绿色食品出库检查，在食品、标签与单据三者相符的情况下方可装运。

3.2.3.3 运输包装应符合 NY/T 658 的规定。

3.2.3.4 运输过程中应轻装、轻卸，防止挤压、剧烈震动和日晒雨淋。

3.2.3.5 应保留运输电子档案记录，记载运输产品的地区、日期、种类、等级、批次、数量、质量、包装情况及运输方式等，确保可追溯、可查询。

3.2.3.6 相关档案应保留 3 年以上。

参考文献

［1］GB/T 5750.4 生活饮用水标准检验方法 感官性状和物理指标. 2023.

［2］GB/T 5750.5 生活饮用水标准检验方法 无机非金属指标. 2023.

［3］GB/T 5750.6 生活饮用水标准检验方法 金属指标. 2023.

［4］GB/T 5750.12 生活饮用水标准检验方法 微生物指标. 2023.

［5］GB/T 7467 水质 六价铬的测定 二苯碳酰二肼分光光度法. 1987.

［6］GB/T 7484 水质 氟化物的测定 离子选择电极法. 1987.

［7］GB/T 11892 水质 高锰酸盐指数的测定. 1987.

［8］GB/T 12763.4 海洋调查规范 第4部分：海水化学要素调查. 1987.

［9］GB/T 14675 空气质量 恶臭的测定 三点比较式臭袋法. 1987.

［10］GB/T 14678 空气质量 硫化氢、甲硫醇、甲硫醚和二甲二硫的测定 气相色谱法. 1987.

［11］GB/T 15432 环境空气 总悬浮颗粒物的测定 重量法. 1995.

［12］GB/T 17141 土壤质量 铅、镉的测定 石墨炉原子吸收分光光度法. 1997.

［13］GB/T 22105.1 土壤质量 总汞、总砷、总铅的测定 原子荧光法 第1部分：土壤中总汞的测定. 2008.

［14］GB/T 22105.2 土壤质量 总汞、总砷、总铅的测定 原子荧光法 第2部分：土壤中总砷的测定. 2008.

［15］HJ 479 环境空气 氮氧化物(一氧化氮和二氧化氮)的测定 盐酸萘乙二胺分光光度法. 2008.